水库汛期分期与分期汛限水位调整理论与实践

莫崇勋 著

科学出版社

北京

内 容 简 介

水库汛期分期与分期汛限水位的调整是流域雨洪资源化利用和水库管理调度工作中的关键技术，是新形势下水利工作面临的机遇与挑战，其理论及实践效果为当前水利科技工作者所关注。本书探讨了水库汛期分期及汛限水位调整的研究进展与存在问题；阐述了水库汛期分期的理论方法；介绍了汛期分期调度的危险性、易损性和风险性的评价理论以及水库汛期汛限水位的多目标模糊优选理论。根据示例需求，本书以广西澄碧河水库为典型工程，详细给出了水库汛期分期及分期汛限水位调整的应用与分析。

本书可作为水文学及水资源、工程管理、环境工程等专业的本科生和研究生的教材或参考书，也可供从事水库调度与管理的科研、技术人员参考。

图书在版编目(CIP)数据

水库汛期分期与分期汛限水位调整理论与实践 / 莫崇勋著. —北京：科学出版社，2017.11

ISBN 978-7-03-055162-7

Ⅰ.①水… Ⅱ.①莫… Ⅲ.①水库－汛限水位－动态控制－研究 Ⅳ.①TV697.1

中国版本图书馆 CIP 数据核字（2017）第 269963 号

责任编辑：韦　沁／责任校对：张小霞
责任印制：张　伟／封面设计：北京东方人华科技有限公司

科学出版社　出版
北京东黄城根北街 16 号
邮政编码：100717
http://www.sciencep.com

北京中石油彩色印刷有限责任公司 印刷
科学出版社发行　各地新华书店经销
*

2017 年 11 月第　一　版　开本：787×1092　1/16
2017 年 11 月第一次印刷　印张：10 3/4
字数：255 000

定价：88.00 元
（如有印装质量问题，我社负责调换）

前　言

在气候变化和人类活动影响下，一方面水资源短缺问题制约着社会经济的快速发展，另一方面洪水灾害的肆虐，直接影响着人类的生存和发展。我国有 2/3 的地表径流属于洪水，如将其中的一部分洪水转化为可利用的水资源，则能在很大程度上缓解我国水多、水少、水脏等水安全问题，因此雨洪资源化利用广受关注。雨洪资源化是实现人与洪水和谐共存的必然之路，是实现控制洪水向洪水管理利用转变的重要途径与方法。水库是人类利用地表水资源，同时也是治理洪水的典型工程，兴利和防洪是大多数水库的重要任务。如何在保证水库防洪安全的前提下充分利用雨洪资源是具有时代鲜明特征的课题，是治水理念与时俱进的结果，是经济社会发展的客观要求，而水库汛期分期及分期汛限水位的调整是水库实现雨洪资源利用的核心内容及关键技术。

水库汛期分期及分期汛限水位调整理论是一门新兴学科，在国内外专家学者的共同努力下，取得了众多喜人成果。但是受洪水过程复杂性、非一致性及水库工程本身具有系统复杂性，水库汛期分期及分期汛限水位的调整工作在理论方法及工程实践上都不可避免存在不足之处。因此，本书综合作者近 10 年来围绕汛期分期及分期汛限水位调整的研究成果，系统介绍水库雨洪资源化利用工作中有关汛期分期、分期设计洪水、危险度、易损度、风险度、分期汛限水位多目标模糊优选等核心技术问题及其工程应用，期冀促进该学科的发展与进步，为水库调度管理工作提供科学依据。

本书共分 11 章，其体系与格局的形成受课题组学术思想的影响颇深。在同田文进、杜群超、蒋海艳、魏炜、刘俐、姜庆玲、王大洋、钟欢欢、谢燕平、班华珍、段丽敏、杨庆、黄亚、莫桂燕、林怡彤、刘朋、朱新荣、覃俊凯、黄怡婷、阮俞理等多位博士和硕士研究生的热烈研讨中，作者得到众多有益的启发，同时在组稿和修改过程中，他们也做了大量的整理和校对工作，在此，对他们的辛勤劳动表示由衷的感谢！

本书得到国家自然科学基金项目 "土石坝水库汛期分期调度与防洪安全风险评估研究（资助号：51569003）"、广西自然科学基金项目 "土坝水库汛期分期调度防洪风险定量评估模型研究（资助号：2015GXNSFAA139248）"、广西教育厅项目 "水库汛期分期调度与防洪安全风险评估研究（资助号：桂教人〔2014〕39 号）"、广西防灾减灾与工程安全重点实验室系统性研究项目 "水库洪水分期调度与防灾减灾研究（资助号：2014ZDX01）"等的支持；同时得到河海大学芮孝芳教授、合肥工业大学金菊良教授等专家的指导，广西水利厅李桂新处长、广西澄碧河水库管理局黄远匀主任和广西大学土木建筑工程学院领导的支持，在此一并表示衷心的感谢！

本书参考了国内外相关文献，在此谨向文献作者示以谢意！

因作者水平有限。不妥之处在所难免，敬请读者予以批评指正。

莫崇勋

2017 年 8 月于南宁

目　　录

第1章 概　　述

1.1　问题来源及科学意义

1.1.1　问题来源

1. 水的重要性与水资源短缺

水是生命之源,是人类和自然界其他物种不可或缺的物质。随着人类对自然界认识的不断加深,如何最大可能地利用水造福社会逐渐成为人类思考的重要问题。水利这个概念最早源于我国战国时代的《吕氏春秋》(圻子,1999),虽然当时的水利仅指捕鱼之利,但却由此掀开了中国水利发展的序幕。时至今日,水利的内涵已不断丰富和发展,有防洪、灌溉、发电、供水和保护生态环境等方面的重要作用,可为国民经济的稳定可持续发展提供重要保障,同时为人与自然和谐相处提供重要基础。

进入21世纪,水资源作为基础性战略资源,在未来国家经济发展中将发挥越来越重要的作用。随着经济的快速发展,水资源短缺问题愈显尖锐。据麻省理工学院(MIT)科学家研究表明,预计到21世纪50年代,亚洲地区将会面临严重的水资源短缺问题,在未来的35年时间内,亚洲缺水人口较目前将增加10亿(Fant et al.,2016)。迄今为止,中国34个省市中,涉及干旱缺水问题的地区占2/3以上,缺水地区面积超过中国国土面积的50%,缺水地区人口超过全国总人口的40%,缺水情势非常严峻(杨博、南昊,2016)。然而,中国大陆河流每年约有2000亿 m^3 的径流量汇入太平洋,其中汛期洪水总量比例达年径流总量的60%,且洪水发生时间较为集中。可见,汛期虽然来水量多,但为了防洪安全,水库未能高效利用雨洪资源,而汛期结束后,干旱缺水问题又接踵而至。

2. 水旱灾害和洪水的两重性

水旱灾害是人类面临的主要自然灾害之一。据统计,在全世界范围内每年因水旱灾害造成的损失占各种自然灾害总损失的比例高达55%,其中水灾为40%,旱灾为15%。中国目前受旱耕地超过0.2亿 hm^2,农田灌溉年缺水量高达300亿 m^3;中国620座城市中约有300座城市缺水,年缺水量约58亿 m^3,缺水已成为中国工农业生产发展的重要障碍之一(芮孝芳,2004)。

洪水作为自然界中水资源存在的形式之一,具有利与害的双重属性,同时呈现出季节性变化的特点。由于中国的南方和北方分别属于亚热带季风和温带季风影响区域,故大多数河川径流受到季风气候的影响,使得水资源在年内和年际分配均呈现不均匀特征,时程差异性较大。因此,如何更好地研究洪水的季节性特点,掌握其变化规律,解决中国干旱缺水问题,并实现由"控制洪水"向"管理洪水"思路转变,尽可能趋利避害,贯彻落实新时期"洪水资源化"理念是一个值得深入探讨和研究的科学问题。

　　3. 传统的水库调度存在问题

　　传统的水库汛期调度规则通常为"一刀切"的应对策略,即在整个汛期采用同一汛限水位来迎接洪水。这种传统的水库汛期调度方式,虽能有效应对洪水,但经常出现汛期前期大量弃水,而汛末无水可蓄,汛末过后进入漫长的枯水期的状况,这种现象不利于水库蓄水潜力的发挥,与新时期"洪水资源化"的理念和要求不符。

1.1.2　科学意义

　　提高洪水资源利用率是有效缓解水资源短缺局面的有效途径,其利用方式主要分为工程措施和非工程措施。新中国成立以来,巨额资金已投入水利工程的建设中,大量水利工程相继涌现。截至2016年,中国水库的数量已多达9.8万座(刘六宴、温丽萍,2016)。在积极倡导"科学发展观"的今天,利用工程措施方式缓解水资源短缺问题显然不够科学,也不够经济环保。相比之下,非工程措施,则表现出投入少、成效快的特点,俨然成为了一种更科学合理的途径。其中,综合利用现有的工程设备、科学的管理手段和管理方法,提高工程运行调度水平,在确保工程安全的条件下,提高洪水资源的利用率,增加水资源的有效供给就是一种良好的非工程措施。对于同时承担着防洪、发电、供水和灌溉等多项任务的水库而言,其运行调度则需要有更合理的要求和标准。

　　针对兼具防洪和兴利功能的水库而言,汛期分期是防洪控洪和兴利的前提;危险性、易损性和风险性评价对洪泛区土地利用与开发、洪灾损失评估、防洪救灾辅助决策、洪灾保险与防洪标准的制定具有重要意义;汛限水位作为防洪和兴利的结合点,是水库运行调度最重要的指标之一,它是为预防可能出现的洪水、保护大坝和下游防护对象的安全并在防汛期间允许兴利的最高水位。

　　1. 水库汛期分期研究的科学意义

　　由于洪水发生具有季节性,年内通常分为汛期和非汛期。近年来,水库汛期分期研究成为热点课题。中国学者指出:汛期可以再分期,一般分为前汛期、主汛期和后汛期;确定调度规则时,各个分期的汛限水位可以不同,即水库汛期各分期可以采用不同的调度方案,且在确定最优调度方案时需要计算水库大坝在各种方案下的风险大小(莫崇勋,2014)。

　　传统的水库防洪调度运行方式要求水库在整个汛期以较低的汛限水位迎洪,这往往导致了众多水库汛期不能蓄水,汛末又无水可蓄,防洪与兴利之间矛盾尖锐,洪水资源得不到有效利用(胡四一等,2002)。解决上述问题的有效途径之一就是对汛期进行分期,以分期设计洪水制定分期汛限水位,在不增加防洪风险的前提下充分利用洪水资源,以缓解水资源短缺矛盾。因此,如何合理地制定汛期分期方案是一个重要的科学问题。

　　利用水库汛限水位调控洪水资源是处理水库防洪与兴利矛盾,也是实现洪水资源安全利用的重要技术途径,对缓解流域水资源短缺危机、改善生态环境和实现水资源可持续利用具有重要的现实意义。而水库汛期的合理划分是确定水库分期汛限水位的前提,因此,合理的汛期分期对水库实现洪水资源安全利用具有重要意义(胡四一等,2002;王宗志等,2007)。

2. 水库安全评价研究的科学意义

水库安全评价包括危险性、易损性和风险性评价,其中危险性评价和易损性评价是前提和基础,风险性评价是目标和结果。

1)危险性

洪水灾害具有自然和社会的双重属性。洪水危险性评价从形成洪水灾害的自然属性角度分析,即从形成洪水灾害的致灾因子和孕灾环境条件进行的洪灾危险性分析。洪灾危险性分析是洪灾风险研究的重要内容。

危险性分析是洪灾风险管理的基础和重要前提,也是洪水灾害研究的热点。根据联合国人道主义事务部对危险性的定量表达,即危险度是灾害事件发生概率的函数,取值为[0,1](United Nations,Department of Humanitarian Affairs,1991,1992)。

在实际运用中其科学意义在于,通过建立水库汛期漫坝危险度模型来对水库进行危险性评价,并提出水库正常运行所要求满足的危险度取值原则。

2)易损性

洪水灾害的易损性与不合理的区域产业结构、城镇布局以及生态破坏程度密切相关。据初步统计,中国约有50%的人口和70%的财产分布在洪水威胁区内。因此,如何合理评价一个区域的洪水易损性,并通过优化布局和合理调整产业结构来减轻洪水的威胁是一个非常重要的课题。

易损性分析是洪灾风险管理的基础和核心环节,也是洪水灾害研究的热点。根据联合国人道主义事务部对易损性的定量表达,即易损度是灾害事件发生后果的函数,取值为[0,1](United Nations,Department of Humanitarian Affairs,1991,1992)。

在实际运用中其科学意义在于,以综合评价理论建立水库防洪易损性评价模型为研究目标,根据国家对安全事故的等级划分规定,确定防洪易损度的等级划分标准,为灾害易损性评价提供依据。

3)风险性

风险性评价是在危险性和易损性评价结果的基础上,对两者进行耦合研究。联合国人道主义事务部对风险的定量表达是:风险度=危险度×易损度(United Nations,Department of Humanitarian Affairs,1991,1992)。

在实际运用中其科学意义在于,通过建立水库防洪风险度评价模型,对风险度进行等级划分,并赋予相应的评价指南,为水库防洪风险评价提供依据。

3. 分期汛限水位调整研究的科学意义

中国大部分地区降水主要集中在汛期,汛期降水量占全年降水量的60%以上(刘攀等,2007b)。整个汛期采用单一的汛限水位,是假定汛期内各日都需抵御年最大值取样得到的设计洪水,往往造成洪水资源的浪费,且不利于汛末的蓄水。对洪水具有明显季节性特征的水库,其汛期分为若干个分期,各期采用不同的汛限水位,有利于水库经济效益的发挥,并可以在一定程度上克服防洪和兴利之间的矛盾(叶秉如、方道南,1995;郭生练,2005)。

因此,进一步开展水库汛期分期,水库汛期危险性、易损性和风险性评价,以及水库汛限水位优选研究工作对水库科学调度的实现、蓄满率的提高、水资源的合理开发利用和"洪水资源化"理念的贯彻等具有十分重要的理论价值和现实意义。

1.2　国内外研究进展

1.2.1　水库汛期分期的研究进展

　　建国后我国陆续修建了大量水库,由于大部分新建水库水文基础资料的样本容量较小,这些水库不具备汛期分期研究的基本条件;再加上建国初期我国人口总数不多、经济欠发达,水的供需矛盾尚不突出,水库暂无实施汛期分期调度的必要。随着洪水资料的积累、水库调度经验的增加、国民经济的迅猛发展和水资源需求量的持续增长,一些地区水资源供需矛盾突出,于是开始有水库汛期分期以及水库分期调度的研究。水库汛期分期早期的研究多见于水资源开发利用程度高、水资源短缺危机严重的华北地区及海河流域(胡四一等,2002;邹鹰等,2006)。随着经济社会的可持续发展对水的需求的全面提升(包括水量的增加、供水水质和供水保证率的提高),水库汛期分期调度理念逐渐被应用到水资源相对丰富的南方湿润地区水库(刘攀,2005;莫崇勋,2009;金保明、方国华,2010)。

　　国内关于汛期分期的研究成果相对丰硕,研究方法也层出不穷。从 20 世纪五六十年代起始,汛期分期研究总体可分为 1949~1980 年的萌芽期、1981~2000 年的探索期和 2001 年至今的蓬勃期。

　　1. 萌芽期

　　萌芽期(1949~1980 年)研究主要通过定性分析对分期工作进行最初的尝试,如 1958年吉林和黑龙江两省关于丰满水库防洪控制水位调整的初步尝试(王本德等,2006)。

　　2. 探索期

　　探索期(1981~2000 年)中,一些学者意识到成因影响的重要性,开始尝试将定性分析和定量计算结合起来对汛期分期进行研究。中国学者以丹江口水库为研究实例,综合分析了流域的气候特征、暴雨和洪水特性等气象水文特征,采用成因分析和统计分析法把丹江口水库汛期分为前、中和后三期,并进行了安全可靠性和经济合理性分析,之后通过实践调度运行结果验证了其研究的现实意义(冯尚友、余敷秋,1982)。联合北京气象中心发布的"岳城水库汛期后期暴雨特性及设计洪水分析"中将气象成因引入汛期分期中,通过探索流域的大气环流及其变化规律,将汛期划分为前后两分期。与此同时,一些新方法也逐渐被引进到汛期分期研究中,其中较为典型是陈守煜(1995)在 20 世纪 80 年代创建的模糊水文水资源学,将中国传统的哲学思想与模糊理论融合,突破了人们对传统水文学的观念和认识。在汛期分期研究中,他认为汛期在时间上本身存在模糊成分,汛期和非汛期也存在着"亦此亦彼"的联系,进而提出了成因分析、数理统计和模糊集合法相结合的汛期分期新思路。麻荣永(1992)以广西百色水库为例,通过研究流域暴雨时空变化特征,运用统计分析对水库年最大洪峰流量数据进行分析计算,以此作为汛期划分的参考依据。童黎熙(1996)采用模糊统计法和参数法,以潘家口水库各分期的隶属度为基准进行了汛期划分。

3. 蓬勃期

蓬勃期阶段(2001 年至今)各种新思路和新方法逐步被应用到汛期分期研究领域,汛期划分也开始向定量化和精细化方向发展。定量计算方法逐渐变得完善,主要方法有灰色定权聚类法、分形法、集对分析法、Fisher 最优分割法、投影寻踪法、矢量统计和相对频率法、圆形分布法、变点分析法、模糊集合法等。

1)灰色定权聚类法

灰色聚类评估方法是灰色理论技术家族中最早发展并得以广泛应用的一门技术。灰色聚类是根据灰色关联矩阵或灰类的白化权函数将观测指标或观测对象划分成若干个可定义类别的方法。一个聚类可以看成是属于同一类的观测对象的集合。常见的灰色聚类方法有灰色关联聚类、灰色变权聚类、灰色定权聚类、基于三角白化权函数的灰色聚类法等(刘思峰等,2010)。

蒋海艳等(2012)将灰色系统理论和统计聚类进行耦合,提出了基于灰色定权聚类系数的水库汛期分期法,并应用于潘家口水库。

2)分形法

分形理论最早由侯玉等(1999)引入到汛期分期研究中,他们利用分形法对雅砻江小得石站的洪峰散点数据的维度进行分形计算,结果表明洪峰散点系列存在自相似性,并以此作为汛期分期的依据。方崇惠、雒文生(2005)以分形理论中的时间容量维和空间相似维为依据对漳河水库进行了汛期分期,并将所得结果和经验统计法进行了比较分析。魏炜(2014)基于分形理论,以日为单位对广西澄碧河水库近 50 年的日降雨量进行计算,将该水库汛期划分为前、主和后三个分期。

3)集对分析法

谢飞和王文圣(2011)、严培胜等(2012)、李英士等(2014)、莫崇勋等(2016)基于集对分析中的联系度和联系数概念,从宏观和微观角度揭示了汛期总体相关性和影响汛期的各因子间的相关性,分别对河北潘家口水库、湖北三峡水库、吉林丰满水库和广西澄碧河水库进行了汛期划分研究,结果表明集对分析法具有宏观微观结合的优点。

4)Fisher 最优分割法

丁元芳和高凤丽(2006)、刘克琳等(2007)、肖聪等(2014)、王贺佳和武鹏林(2015)考虑到 Fisher 最优分割法兼具多因素和保持样本天然时序性的双重优势,将其分别应用于吉林星星哨水库、北京密云水库、云南李仙江流域和山西太平水库汛期分期中,均取得了良好的实践效果。

5)投影寻踪法

陈曜和王顺久(2009)首次把投影寻踪法应用到水库汛期分期研究领域,通过构造单位向量和投影函数,将影响汛期的多维因素投射到低维空间,结合遗传算法寻优找到最能够反映汛期特性的单位向量,对潘家口水库汛期进行了划分研究,得到了该水库汛期各分期的起止时间。

6)矢量统计和相对频率法

Cunderlik 等 (2004)最早提出矢量统计和相对频率分期法,该法将洪水发生时间和量级分别描述为矢量的方向和大小两个特性,通过相似性分析,可区分为不同类别,进而实现分类研究,该法在一定程度上弥补了当时汛期分期研究中时间和量级相独立的缺陷。喻婷等(2006)基于年最大值取样(AMM)和超定量取样(POT),采用了矢量统计分期法和相对频率分期法对湖北省隔河岩水库进行汛期分期,并对两种方法进行了对比分析。吴东峰等(2008)则采用矢量统计法,以高山冰川作用下的新疆天山地区流域水库为实例工程进行了汛期分期,确定了各个分期的时间范围。薄会娟(2011)和郭倩(2012)分别用矢量统计法和相对频率法对三峡水库和金沙江李庄站的汛期进行划分研究,并将分期结果和传统的统计法进行了对比分析,得到了更为合理的分期成果。

7)圆形分布法

圆形分布法最早由方彬等(2007a)应用到三峡水库的汛期分期研究中,该法综合考虑了洪水发生的集中度、集中期、高峰期的起止时间和发生量级 4 个特性,以其独特的优势为汛期分期研究开辟了新思路。

圆形分布法是将具有周期性变化的资料,通过三角函数变换,使原始数据成为线性资料的一种统计方法。该法具有计算简单方便、分析灵活客观的特点。

8)变点分析法

丁晶和邓育仁(1988)对单变点(跳跃分析)理论、方法进行了详细的阐述;覃爱基等(1993)将跳跃分析用于宜昌站的年径流时间序列分析中;Xiong 和 Guo(2004)将 bayes 理论和变点分析结合,对湖北宜昌水文站的径流资料进行了变点计算分析,为进一步实现汛期分期研究提供了参考。刘攀等(2005)将变点分析法应用到三峡水库的汛期分期研究中,通过对均值变点和概率变点两种法的计算对比分析,得到概率变点比均值变点适应性更强的结论。刘俐(2015)基于超阈值和日最大取样法对龙滩水库多年日平均流量系列进行选样,采用变点理论对其进行分析并对汛期进行分期,之后针对分期结果做了合理性检验。

变点分析法(Change Point)是一种基于统计理论,用于检测时间序列突变,同时可以进行假设检验的方法,可以分为概率变点方法和均值变点方法。在汛期分期中,变点分析法具有较严密的理论基础,但它需要严格的数学假定,如对极值的概率表述等,这与实测数据可能会有出入。与此同时,变点个数和阈值的选取也存在一些主观性,需要进一步研究和检验。

9)模糊集合法

赵元秀(2004)以每年中首场和末场洪水发生时间为指标,采用模糊集合理论对漳泽水库进行了汛期划分。莫崇勋等(2009)采用模糊集合聚类法对澄碧河水库汛期进行分期,并确定了分期汛限水位。郭金城等(2013)以贵州构皮滩水库为实例工程,分别采用模糊集合法与圆形分布法进行水库汛期划分和对比分析。

对于汛期分期研究工作,相比国内研究而言,由于地理和气候环境存在较大差异,国外学者在此方面研究较少,成果不多。代表性的研究如德国学者 Beurton 等(2009)结合本国境内的 480 多个水文站点的最大洪水实测数据进行了聚类分析计算,结果显示这 480 多个水文站点的最大洪水发生时间和量级大致可归为三类,分别分布于德国境内的不同区域,有些区域还表现出明显的冬季洪水的特点,有些区域则主要集中在春季或夏季。英国专家 Cunderlik 等(2004)认为洪水的季节性分布规律是研究洪水特性的重要切入点,其采用 AMM

和 POT 取样法对英国境内洪水的季节性分布规律进行了统计分析和对比研究。

1.2.2　水库汛期安全评价的研究进展

1. 水库汛期危险性评价研究进展

目前,进行洪水危险性分析的常用方法包括气象动力学方法、水动力学方法、数理统计方法、模糊数学方法、系统仿真方法、调查法、故障树法等,这些方法的研究和应用对于提高我国洪灾管理水平起到了积极的推动作用(郭凤清等,2013)。但与发达国家相比,我国的相关研究工作还不够系统,成果实用性有待于提高,特别是体现洪灾系统特征的方法论研究有待于深化(丁文峰等,2015)。

2. 水库汛期易损性评价研究进展

自 1970 年人们意识到易损性至今,学术界对易损性的研究获得了不少的成果,但对易损性的认识各有千秋,因为每个社会群体包含不同的承灾体,评价指标也不尽相同(张一凡,2009)。易损性是指受到伤害或破坏的程度,体现的是人类社会对自然灾害的承受能力(文彦君,2012)。联合国于 1991 年和 1992 年公布的易损性定义:"潜在损害现象可能造成的损失程度"(United Nations,Department of Humanitarian Affairs,1991,1992)。刘希林根据联合国定义和 Panizza(1996)的观点,认为易损性是在给定地区和给定时段内,由潜在自然灾害而可能导致的潜在总损失(刘希林、莫多闻,2001;刘希林等,2002)。郭跃(2005)对其概念作了总结:①遭受灾害破坏和损失的容易程度;②个人或群体对灾害的处理和恢复能力;③灾害风险和处理灾害事件的社会经济条件的综合衡量。

蔡向阳和钱永波(2016)对灾害易损性评价方法进行了系统的对比分析,指出各种方法的优缺点和适用范围,具体情况见表 1.1。

表 1.1　常用的灾害易损性评价方法对比分析

方法	原理	比较
核算灾体价值法	通过对受灾体类型划分、受灾体分布的基本属性提取,计算受灾体灾前价值,以此进行易损性评价	将承灾体货币化进行评价基础,默认承灾体在灾害中完全破坏;在核算价值时,忽略了人口易损性,和实际情况会有不小的出入;但可用于区域性的易损性评价,简洁、直观
模糊综合评价法	基于模糊变换原理和最大隶属度原则,通过对事物的多方面综合分析,从而得出科学的评价	能够有效减少人为因素或不确定因素的影响,但评价精度较依赖于评价指标的获得程度以及对界线值的设定是否合理
多因子复合函数法	影响因素众多,利用分类的方法寻找承灾体中最具代表性且对易损性影响最大的因子	能根据不同的孕灾环境和承灾体,进行指标的优化处理,但在对人口指标和财产指标的细化上是主观的
物元综合评判法	根据物元要素的特点(如发散性、可扩性、共轭性等)建立模型,进行拓展,从而解决事物的矛盾问题	该方法只能得出评判等级且具有主观性,因此评价精度不足,其应用存在一定的局限性

续表

方法	原理	比较
BP 神经网络法	训练已有的样本数据对未来进行分析与预测	该方法对样本质量要求颇高。在实际应用中，具有较大难度，因此实际操作性不太强
空间多准则评价方法	把系统分为目标层和指标层，通过隶属关系建立目标和指标之间的联系，基于客观现实和理论模型给出权重，对隶属度求和，得出目标层结果，从而分析、决策问题	该方法恰当地综合了定性和定量方法，把复杂的问题化为多层次单目标的决策问题，然后通过简单的运算得出评价结果，原理通俗易懂，条理清晰
基于历史记录评价方法	以丰富的地质灾害历史记录为依据，综合分析灾害统计资料，确定易损性影响因子	目前我国无负责灾害数据管理的部门，资料多分散且不具系统性，故该方法实用性不大

3. 水库汛期风险性评价研究进展

由于各国的水资源总量和人均拥有量的不同，水库分期风险性研究主要集中在中国。目前，国外水库汛期风险性研究主要集中在洪水保险、洪泛区管理以及风险决策等方面：Bouma 等（2005）研究了对待风险的态度将如何最大限度地影响评估结果，他指出对待风险的态度和对风险概念的理解将显著影响水资源管理领域的各种决策过程和结果。Shin 等（2007）利用广义 Logistic 分布模型对大坝和堤防的失事风险进行了不确定性分析，并利用矩法、最大可能概率法和概率权重矩法计算得到大坝和堤防失事的期望值和方差。

中国对水库汛期风险性评价方法研究较国外深入。汛限风险性评价方法主要有概率组合法、随机微分方程法、频率分析法、随机模拟法等，其中随机模拟法是最常用的风险分析计算方法。

1）概率组合法

傅湘等（1997）在分析洪水风险的基础上，以洪水遭遇组合规律为分析对象，运用概率组合法估算了水库下游防护区的防洪风险率，为水库防洪调度方案的制订提供了科学依据。何长宽（1998）用概率组合法推导出并联水库下游洪峰流量概率分布的数学表达式，并以此分析了滦河流域潘家口、桃林口两座水库建成后滦县站洪峰流量的概率分布。金明（1991）指出水文风险是水库防洪风险的控制性因素，但仅仅考虑水文风险会降低水库防洪系统的全面风险，他指出概率组合法是水库防洪风险分析计算的一种可靠而简单的方法。

2）随机微分方程法

姜树海（1994）认为在水库调洪过程中，水库蓄洪量是具有 Wiener 过程特性的。据此，他构造了含有随机项的随机微分方程，并且得出水库动态泄洪的风险率表达式。最后，他通过 Fokker-Planck 向前方程，计算得出与水库泄洪风险率密切相关的库水位概率分布。实例研究显示，采用随机微分方程对水库进行调洪演算能够合理地反映各种不确定性随机因素对水库水位的影响，从而使水库泄洪风险率的计算建立在相对科学合理的基础之上。

3）频率分析法

频率分析法是在假定水库调洪最高水位与最大洪水出现的频率相同的基础上，以水库调洪最高水位恰好等于相应防洪标准的洪水的频率作为水库的防洪风险率。若利用设计防洪标准所对应的洪水来推求水库的防洪风险率,则风险率的大小为对应的设计防洪标准的倒数,即 $P = 1/T$。谢国琴(2006)在分析水库的工程条件与安全运行情况的基础上,通过采用频率分析法计算了水库在各拟定的汛限水位调整方案下的防洪风险率。频率分析法在计算水库防洪风险时具有简单易行的优点,但该法将水库的防洪标准与设计洪水完全等同起来,其合理性有待考究;其次频率分析法显然只考虑了水文不确定性因素对水库防洪风险的影响,而忽略了其他不确定性因素对水库防洪风险的影响。

4)随机模拟法

随机模拟法是推求水库防洪风险的一种最常用的方法。梅亚东和谈广鸣(2002)在综合考虑水文不确定性因素、调洪起始水位的不确定和水力不确定性因素等对水库防洪的影响的基础之上,分别采用三角分布和正态分布描述水力不确定性对泄洪能力的影响,应用一阶季节性自回归模型对西南某水库的入库洪水进行模拟,在给定的调洪起始水位和特定调洪规则的前提下,经调洪演算得到水库调洪最高水位的分布和洪水漫坝的风险率。丁大发等(2005)在分析水库常遇风险事件、大坝防洪安全事件以及影响水库防洪的主要风险因素等的基础之上,构建了基于蒙特卡罗随机模拟的水库多因素组合的防洪风险率估算模型。刘晓琴等(2005)在分析影响水库防洪调度主要不确定性因素的基础上,采用蒙特卡罗模拟技术给出水库防洪调度风险分析的实施程序,讨论了风险分析的计算方法。周惠成等(2006)采用随机模拟法研究了水库实施防洪预报调度对水库防洪风险率的影响。周研来,梅亚东(2010)采用 Copula 函数构建洪峰和洪量的联合分布模型,通过随机模拟入库洪水过程,在给定汛限水位调整方案和调洪规则的基础上对随机模拟的洪水进行调洪演算,得到各汛限水位调整方案下的水库防洪风险率。刘艳丽等(2010)在研究基于拉丁超立方抽样法的基础上提出一种基于蒙特卡罗随机模拟法的风险分析模型,并结合碧流河水库分别对考虑单因素影响和多因素影响下的组合防洪风险进行了分析研究,为水库防洪调度分析提供了一种新的不确定性分析方法。

1.2.3　分期汛限水位调整的研究进展

传统的汛限水位确定方法多是根据水库特定的防洪标准,通过计算相应频率下的设计洪水过程,经过调洪演算反推求得。分期汛限水位则是在汛期分期的基础上,考虑各个分期不同的水文特征和规律,针对分期时段洪水特性,采用不同的汛限水位方案进行调度,以充分利用水库库容,缓解水资源短缺的矛盾。截至目前,国内外的相关学者在分期汛限水位调整研究方面取得了一定的进展。

在国内,关于水库分期汛限水位的研究始于 20 世纪八九十年代,主要的研究方法有设计洪水过程线法、模糊分析法、多目标优化法、多目标模糊优选法等。

1. 设计洪水过程线法

设计洪水过程线法通过对汛期暴雨洪水变化规律及特征分析,进行汛期分期,在此基础上通过计算各分期的设计洪水拟定分期洪水过程线,最后结合水库防洪标准确定分期防洪标准,进而通过调洪演算推求出各分期的坝前最高水位,最后通过控制条件确定各分期汛限水位。

丁晶和邓育仁(1998)在深入分析汛期洪水过程线的基础上,采用水文学原理中的随机模拟法对汛期洪水过程进行模拟研究,从而得到大量的洪水模拟样本,对每场洪水进行调洪确定坝前水位,然后采用频率分析来确定相应标准频率下的汛限水位特征值。华家鹏和孔令婷(2002)提出了用组合频率法和库水位法共同来确定分期汛限水位的新思路,得到了满足水库防洪标准的汛限水位方案。周秋玲等(2004)、杜丽惠等(2005)、方彬(2007b)、刘攀等(2007b)、张娜等(2008)以设计洪水过程线理论为基础,通过不断探讨和研究,相继提出了一些新的研究方法和成果。

2. 模糊分析法

模糊分析法源于模糊理论产生和发展,由于汛期不同时期的库容值与汛期防洪库容值存在不同程度的隶属关系,这种隶属关系可以用隶属度表示。因此,通过计算汛期各时期的隶属度来确定各分期的防洪库容,进而结合水位-库容关系曲线便可确定相应的汛限水位。

童黎熙(1996)采用模糊统计和参数法对潘家口水库进行分期汛限水位计算,结果显示分界指标选取对分期汛限水位确定有较大影响。陈守煜(2005)在《水资源与防洪系统可变模糊集理论与方法》一书中详细论述了汛限水位动态模糊理论,并以黑龙江音河水库为实例,确定了该水库前、中和后3个不同分期的汛限水位。莫崇勋(2014)根据模糊集合理论,以广西澄碧河水库为例,进行汛期划分并求得了各分期的隶属度和汛限水位,为该工程的优化调度提供了技术支撑。

3. 多目标优化法

多目标优化法源于数学系统中的规划理论。水库通常兼有防洪与兴利功能,而防洪与兴利本身就存在着对立统一的关系,在寻求兴利最大化的同时必然导致防洪安全保证最小,反之亦然。多目标优选法是充分考虑汛限水位调整对防洪和兴利的影响,通过寻优找到理想的汛限水位值。因此,确定分期汛限水位是一个多目标优化问题。

胡振鹏等(1998)建立了丹江口水库汛期运行的优化调度模型,采用随机 DP 法对其进行求解。刘攀等(2007b)对三峡水库调度进行模拟研究,充分论证了三峡水库实现优化调度的可能性,建立了一套完整的分期优化调度模型,采用混合编码和改进 GA 算法对优化模型求解,得到了更优的调度运行方案。栗飞等(2010)采用回归简化法对丹江口水库调度方式进行优化,获得了良好的效果。刘心愿等(2015)针对多目标智能优化技术中存在的问题和缺陷,选用 NSGA-Ⅱ 和 DEMO 算法进行优化研究,评估和对比分析了两种算法的优化效果,对水库调度多目标优化问题的研究起到了促进作用。阿依努尔·吐尔孙(2016)通过综合分析水库的来水、泄水、蓄水、灌溉需水等多个因子,建立了叶尔羌河依干齐水库的多目标优化调度模型,得到了一套完整的汛限水位调度方案。

4. 多目标模糊优选理论

多目标模糊优选理论是在多属性目标因子体系的基础上,通过模糊集合论的隶属度函数,对模糊信息进行量化,并根据实际情况确定因子体系及其权重,从而将多目标问题转化为一个综合单目标问题进行求解的理论。

大连理工大学陈守煜在《复杂水资源系统优化模糊识别理论与应用》一书对多目标模糊

优选理论进行了详细阐述,并在防洪调度、灌溉系统等领域进行了实例应用(陈守煜,2002)。韩宇平等(2003)在晋、黑、苏、豫、桂、滇和陕 7 省的水安全评价研究中建立了多层次多目标模糊优选模型,通过优选对 7 个省的水安全情势进行了排序。王波、袁汝华(2005)对常规的多目标模糊优选模型进行了权重优化改进,并对模型改进前后效果做了对比评估,得到了一种更为合理可靠的优选模型。康君田等(2005)通过对闹德海水库常规调度方式展开深入研究,分析论证了该水库提高兴利效益的必要性和可能性,在此基础上采用多目标模糊优选法对调度方式进行了优选,并基于 PowerBuilder 建立了一套完整的可实现人机交互的调度操作系统平台。黄振芳、刘昌明(2010)详细分析了多属性评价因子权重对于模糊优选的重要性和敏感性,考虑主客观权重并用博弈论进行耦合,建立了一种综合权重模糊优选模型,并将其用于地下水环境风险研究中,结果显示出模型具有鲁棒性强、效率高的特点。李琪等(2011)在广西玉林市供水方案优选研究中,综合考虑了可供水量、水质、工程投资等 8 个评价因子,对 4 种拟定的供水方案进行多目标模糊优选研究,确定了最优的供水方案计划,运行结果显示优选的方案实用价值较高。程孟孟和陈进(2012)、朱玲玲等(2013)、王哲等(2014)分别采用多目标模糊理论研究水量分配问题、水利现代化评价和地下水承载力等问题,也都通过实例研究证明了该理论良好的实用性和可靠性。

在国外,自 20 世纪末期起,部分学者在应对日趋尖锐的水资源短缺和供需矛盾问题研究方面,进行过积极努力的探索。如美国学者 Miller 等(1996),Waylen、Woo(1982)和 Black 和 Werritty(1997)提出了对水库库容重新分配的想法和思路。Wurbs 等(1987)和 Johnson 等(1990)提出了应从水资源需求、洪灾风险的变化、河川径流季节性变化规律等方面作为切入点去研究水库库容分配的问题。LeClerc、Marks(1983),Colorni、Fronza(1983)和 Wurbs(1983)设定了可以进行防洪库容调整和库容重分配的 4 种情景,为开展水库分期汛限水位研究和实践调度工作提供了重要的参考和借鉴。Labadie(2004)在研究分期汛限水位问题时,曾尝试在水库群模拟调度研究中加入人工智能算法和模糊理论技术成分。Murota(1984)考虑在综合分析水库蓄水、弃水等指标的基础上,从风险分析的角度研究分期汛限水位。

1.3　存在问题及本书内容

1.3.1　存在问题

1. 汛期分期的精确性与合理性问题

1)汛期分期研究方法尚未统一

描述汛期的变化过程十分复杂,这导致了人们对汛期的认知存在主观认识上的不全面;再加上受到观测水平的限制,描述汛期的暴雨洪水等水文资料也不够齐全。这种主、客观的认识不完全,导致汛期分期计算时存在较大误差。另外,虽然描述汛期分期的方法很多,但各种方法都有其优缺点,且普遍存在不精准、主观随意性大的问题,至今尚未形成公认的研究方法。

表 1.2 澄碧河水库工程特性表

水文特征	坝址以上流域面积	2000km²
	多年平均降雨量	1560mm
	多年平均流量	40.64m³/s
	多年平均径流量	12.82 亿 m³
	设计洪水洪峰流量	6460m³/s
	校核洪水洪峰流量	7980m³/s
水库特征	调节性能	多年调节
	校核洪水位	189.85m
	设计洪水位	188.78m
	正常蓄水位	185.00m
	防洪高水位	186.50m
	汛期限制水位	185.00m
	死水位	167.00m
	总库容	11.5 亿 m³
	调洪库容	2.1 亿 m³
	兴利库容	5.6 亿 m³
	死库容	3.8 亿 m³
大坝特征	坝型	黏土心墙结合砼防渗心墙土石坝
	坝顶高程	190.40m
	最大坝高	70.60m
	坝顶长度	425m
	坝顶宽度	6m
	坝体防渗型式	混凝土结合黏土心墙
溢洪道特征	型式	开敞式实用堰
	堰顶高程	176.00m
	堰顶净宽	4m×12m
	最大泄量	3770m³/s
	消能方式	底流消能

1.4.3 运行调度方案

澄碧河水库现行的汛期调度方案是,汛期为 4 月 1 日至 10 月 31 日,以汛限水位 185.00m 为起调水位。当入库流量小于 1800m³/s 时,控制闸门开度,使出库流量和入库流量相等,库水位保持在汛限水位 185.00m;当入库流量大于 1800m³/s 时,闸门全开,保持敞泄进行泄流;在落洪段,当水位下降至 185.00m 时,再次控制闸门开度,使库水位保持汛限水位值迎接下一次洪水。

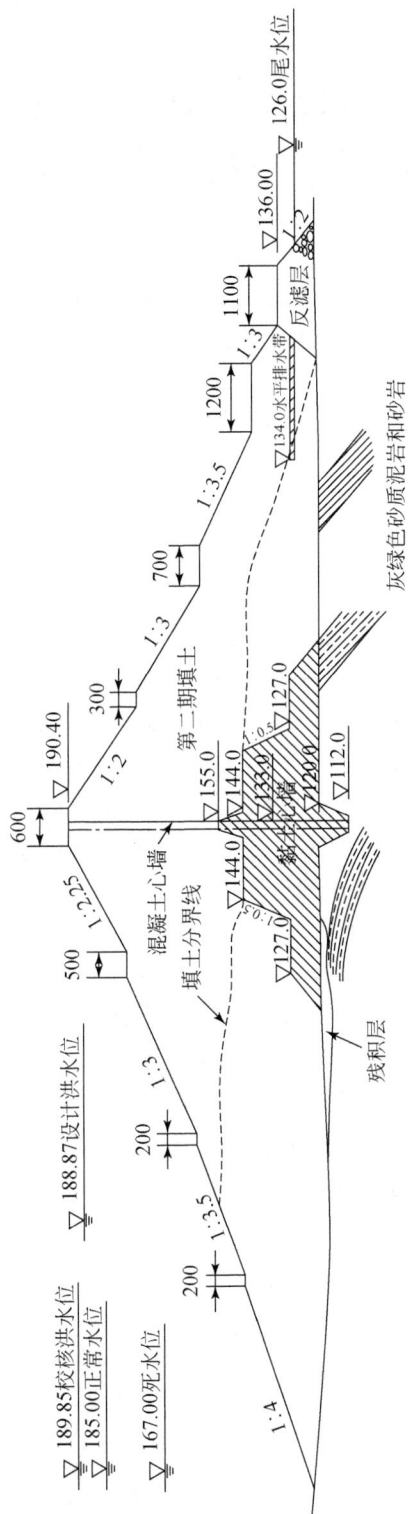

图 1.1　大坝典型断面图(单位：m)

第2章 水库汛期分期的灰色
定权聚类方法及应用

目前应用于水库汛期分期计算的方法很多,灰色定权聚类法是应用比较广泛的一种方法。灰色定权聚类是灰色系统理论的重要组成部分,本章将简要介绍灰色系统理论、灰色聚类方法和灰色定权聚类,在此基础上,结合工程实例,探讨灰色定权聚类法的工程应用问题。

2.1 灰色系统理论

2.1.1 灰色系统理论的产生

随着人们对客观事物的本质及其内在联系认识的深化,不确定性问题逐渐突出,其原因一方面是客观规律的动态演化特性,另一方面是认知能力的局限性和经济、技术条件的制约。不确定问题是普遍存在的,面对信息不完全、不确定以及数据较少的现实,如何描述、认识、处理这一问题是研究的重大课题。1982 年,中国学者邓聚龙教授创立了灰色系统理论,该理论是研究少数据、贫信息不确定性问题的新方法(邓聚龙,2002)。该方法以部分信息已知、部分信息未知的不确定系统为研究对象,通过对部分已知信息的挖掘,提取有价值的信息,从而实现对系统运行行为、演变规律的正确描述和认识。

现今,对于解决不确定问题产生的主要理论有灰色系统、概率统计、模糊数学、粗糙集理论等(邓聚龙,2002;刘思峰等,2010,2014)。灰色系统是研究概率统计和模糊数学难以解决的"少数据不确定性"的问题,即针对既无经验且数据缺乏的问题;概率统计主要解决"大样本不确定性"问题,即解决数据充分,样本量大但缺乏明显规律的问题;模糊数学主要解决"认知不确定"问题,即解决人的经验和先验信息的问题;粗糙集理论主要是采用精确的数学方法描述不确定问题,即利用已知的知识库近似刻画和处理不精确和不确定的知识,将无法确认的个体归于边界区域,并将边界区域定义为上近似集和下近似集的差集。4 种不确定方法对比如表 2.1 所示。

表 2.1 4 种不确定方法的比较

项目	灰色系统	概率统计	模糊数学	粗糙集理论
研究对象	贫信息不确定	大样本不确定	认知不确定	边界不清晰
基础集合方法	灰数集	康托尔集	模糊集	近似集
方法依据	信息覆盖	映射	映射	划分
途径手段	灰序列算子	频率统计	截集	上、下近似
数据要求	任意分布	典型分布	隶属度可知	等价关系

续表

项目	灰色系统	概率统计	模糊数学	粗糙集理论
目标	现实规律	历史统计规律	认知表达	概念逼近
特点	少数据	大样本	凭经验	信息表

2.1.2　灰色系统理论的描述

灰色理论通过挖掘序列信息,将灰色特性逐渐淡化、量化,最终完整掌握序列变化规律。灰色系统的描述要素有:灰数、灰色方程、灰色矩阵、灰色度等。

1. 灰概念

灰是介于黑与白之间的概念,若白表示信息确定、数据完整,黑表示数据很不确定、数据很少,则灰表示信息部分不确定、部分确定,部分完整、部分不完整,部分未知、部分已知。白对应有白色系统,黑对应有黑色系统,灰就对应了灰色系统。因为灰概念是"数据少、信息不确定"的集合,所以灰色系统的本质是"少"和"不确定",这两个特性既有区别又有联系,既独立存在又有因果关系。"灰"概念引申对比如表2.2所示。

表 2.2　"灰"概念引申

概念 ＼ 场合	黑	灰	白
从信息上看	未知	部分已知	已知
从表象上看	暗	若暗若明	明朗
在过程上	新	新旧交替	旧
在性质上	混沌	多种成分	纯
在方法上	否定	扬弃	肯定
在态度上	放纵	宽容	严厉
从结果上	无解	非唯一解	唯一解

2. 灰数

灰数是灰色系统的基本"单元"或"细胞"。通常我们把大概知道范围但是不知道其确切值的数称为灰数,实际应用中灰数一般表示为区间或者数集。灰数可以分为以下几类:

(1)按灰数取值可以分为

① 仅有下界的灰数;

② 仅有上界的灰数;

③ 区间灰数,既有上界又有下界;

④ 连续灰数与离散灰数,在某一区间取有限个值的灰数称为离散灰数,取值连续地整个区间的灰数称为连续灰数;

⑤ 黑数和白数,上下界取值都为无穷或者都是灰数;

⑥ 本征灰数与非本征灰数,本征灰数是指不能找到或者暂时不能找到其"代表"的灰数;非本征灰数是指凭先验信息或是某种手段就可以找到一个白数作为其"代表"的灰数,称此白数表示为相应灰数的白化值。

(2)从本质上看,灰数可以分为

① 信息型,指缺乏信息而不能肯定其取值的灰数;

② 概念型,指人们某种期望或者观念、意愿形成的灰数;

③ 层次型,随层次的改变而形成的灰数,有的数,从高层次上看,即从系统的宏观层次、整体层次或认识的概括层次上看是白的;若转到低层次看,即从微观层次、分部层次或认识的深化层次则可能是灰的,也有的数小范围内是白的,但是在大范围内则变成灰的了。

3. 灰色方程和灰色矩阵

1)灰色方程

含有灰参数(灰元)的代数方程称为灰色代数方程,含有灰参数或灰微分的方程称为灰微分方程。灰色方程并不是一个方程,而是许多个方程的代表符号,灰色方程代表方程的个数取决于方程中灰元的取值。若灰元皆在有界灰域内取有限个值,则灰色方程代表有限个白方程,若方程中灰元取无穷多个值,灰色方程就代表无穷多个白方程。

2)灰色矩阵

含有灰元的矩阵称为灰色矩阵,记为 $\mathbf{A}(\otimes)$,并用 $\otimes_{ij}$ 或 $\otimes(i,j)$ 表示灰色矩阵中第 i 行、第 j 列的灰数,如

$$\mathbf{A}(\otimes) = \begin{bmatrix} \otimes_{11} & a_{12} \\ a_{21} & a_{22} \end{bmatrix} \tag{2.1}$$

即为一个 2×2 灰色矩阵。

2.1.3　灰色系统的主要内容

经过 30 多年的发展,灰色理论体系已经建立起一门新兴学科的结构体系,由灰哲学、灰生成、灰分析、灰建模、灰预测、灰决策、灰控制、灰评估、灰数学等模块组成。

1. 灰哲学

灰哲学研究定性认知与定量认知、符号认知的关系,研究默承认、默否认、承认、否认、确认、公认的内涵、原理、性质、模式,研究信息的思维规律。

2. 灰色序列生成

灰序列生成是数据的映射、转化、加工、升华与处理,其目的是为灰哲学提供定性资料的转化数据,为灰分析提供数据的可比领域,为灰建模提供初加工的数据基础,为灰决策提供统一测度的数据矩阵。

3. 灰关联分析

灰关联分析是指对运行机制或者物理原型不清晰或者根本缺乏物理原型的灰关系序列

化、模式化,进而建立灰关联分析模型,使灰关系量化、序化、显化。灰关联分析的基本思想是根据序列曲线几何形状的相似程度来判断其联系是否紧密。曲线越接近,相应序列之间的关联度就越大,反之就越小。灰关联分析内容主要包括灰色关联公理、灰色关联度、广义灰色关联度(灰色绝对关联度、灰色相对关联度和灰色综合关联度)、基于相似性视角的灰色关联度、灰色关联序、优势分析等内容。

4. 灰色聚类评估

灰色聚类评估是对事物的灰色类别进行评估,主要包括灰色变权聚类、灰色定权聚类、灰色关联聚类等方面的内容。

5. 灰色预测

灰色预测是通过少量、不完全的信息,建立数学模型并作出预测的一种方法,所建立的数学模型称为灰色模型。常见的灰色预测模型有数列预测、灾变与异常值预测、季节灾变与异常值预测、拓扑预测、系统预测等。

6. 灰色决策

灰色决策是事件与对策的灰关系,在数据的统一测度空间,按目标进行量化或灰关联化,以找出对付事件的满意决策。灰色决策主要包括多目标智能灰靶决策、灰色关联决策、灰色聚类决策、灰色局势决策和灰色层次决策等。

2.2　灰色聚类

灰色聚类是属于灰色系统中灰色聚类评估部分的重要理论方法,是指将聚类对象对应的不同聚类指标的白化数,按不同灰类进行归纳,并以此判断该聚类对象属于哪一类的评价方法。

2.2.1　灰色聚类的定义

聚类指将物理或抽象对象的集合分组为由类似的对象组成的多个类。灰色聚类是基于灰关联矩阵和灰数的白化权函数将一些观测指标或观测对象聚类成可定义类别的方法,一个灰类可以看做是属于同一类的观测指标或观测对象的集合。在实际问题中,往往是每个观测对象具有多个特征指标,难以进行准确的分类。例如,"因材施教"是教育界多年讨论的问题,但对于具体的教育对象究竟属于哪一类人才往往难以界定,因此"因材施教"也无法付诸实践。再如用人的问题上,由于不能正确地对具有不同能力、品行和素养的人进行归类,造成用人失误,给事业带来损失的情况也十分普遍。而灰色聚类则将这方面的问题进行量化,对实际问题的评估具有一定的参考意义。

2.2.2　灰色聚类的分类

灰色聚类按聚类对象可分为灰色关联聚类和灰色白化权函数聚类。灰色关联聚类主要用于同类因素的归并,以使复杂系统简化;灰色白化权函数聚类主要用于检查观测对象是否属于事先设定的不同类别,以区别对待,可分为变权聚类和定权聚类。

1. 灰色关联聚类

灰色关联聚类主要用于同类因素的归并,以使复杂系统简化。由此,可以得到许多因素中是否有若干因素关系十分密切,使我们既能够用这些因素的综合指标或其中的某一个因素代表这几个因素(减少指标个数),同时保证信息不受到严重损失。在进行大数据处理时,通过典型抽样数据的灰关联聚类,可以减少不必要变量的收集,提高工作效率,定义如下。

设观测对象为 n 个,且每个对象观测 m 个特征数据,序列记录为

$$
\begin{aligned}
X_1 &= (x_1(1), x_1(2), \cdots, x_1(n)) \\
X_2 &= (x_2(1), x_2(2), \cdots, x_2(n)) \\
&\vdots \\
X_m &= (x_m(1), x_m(2), \cdots, x_m(n))
\end{aligned}
\tag{2.2}
$$

对所有的 $i \leqslant j, i,j = 1,2,\cdots,m$,计算出 X_i 与 X_j 的灰色绝对关联度 ε_{ij},得到三角矩阵为

$$
A = \begin{bmatrix}
\varepsilon_{11} & \varepsilon_{12} & \cdots & \varepsilon_{11} \\
 & \varepsilon_{22} & \cdots & \varepsilon_{2m} \\
 & & \ddots & \vdots \\
 & & & \varepsilon_{mm}
\end{bmatrix}
\tag{2.3}
$$

式中,$\varepsilon_{ii} = 1 (i = 1,2,\cdots,m)$,矩阵 A 称为特征变量关联矩阵。

定义 1　取定临界值 $r \in [0,1]$,一般要求 $r > 0.5$,当 $\varepsilon_{ij} \geqslant r(i \neq j)$ 时,则视 X_i 与 X_j 为同类特征。

定义 2　特征变量在临界值 r 下的分类称为特征变量的 r 灰色关联聚类。临界值 r 可以根据实际问题来确定,r 越接近于 1,分类越细,每一组分的变量相对越少;r 越小,分类越粗,每一组分的变量相对越多。

2. 灰色白化权函数聚类

灰色白化权函数聚类主要用于检查观测对象是否属于事先设定的不同类别,以区别对待。其可分为变权聚类和定权聚类,有关灰色变权聚类定义如下。

定义 1　设有 n 个聚类对象,m 个聚类指标,s 个不同灰类,根据第 $i(i=1,2,\cdots,n)$ 个对象关于 $j(j=1,2,\cdots,m)$ 指标的样本值 x_{ij} 将第 i 个对象归入第 $k(k \in \{1,2,\cdots,s\})$ 个灰类,称为灰色聚类。

定义 2　将 n 个对象关于指标 j 的取值相应地分为 s 个灰类,我们称之为 j 指标子类。j 指标 k 子类的白化权函数记为 $f_j^k(\cdot)$。

定义 3　设 j 指标 k 子类的白化权函数 $f_j^k(\cdot)$ 如图 2.1 所示的典型白化权函数,则用转折点 $x_j^k(1), x_j^k(2), x_j^k(3), x_j^k(4)$ 表示白化权函数记为

$$
f_j^k[x_j^k(1), x_j^k(2), x_j^k(3), x_j^k(4)]
\tag{2.4}
$$

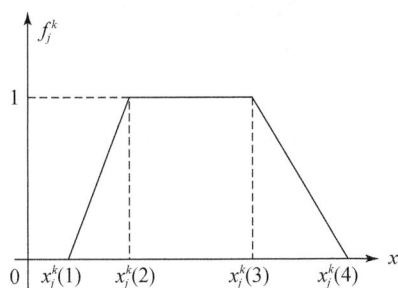

图 2.1　典型白化权函数

定义 4

(1)若白化权函数 $f_j^k(\cdot)$ 无第一和第二个转折点 $x_j^k(1),x_j^k(2)$,即如图 2.2 所示,则称 $f_j^k(\cdot)$ 为下限测度白化权函数,记为

$$f_j^k[-,-,x_j^k(3),x_j^k(4)] \tag{2.5}$$

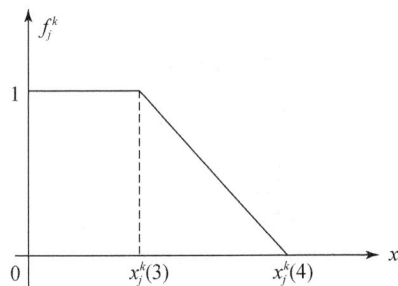

图 2.2　下限测度白化权函数

(2)若白化权函数 $f_j^k(\cdot)$ 第二和第三个转折点 $x_j^k(2),x_j^k(3)$ 重合,如图 2.3 所示,则称 $f_j^k(\cdot)$ 为适中测度白化权函数,记为

$$f_j^k[x_j^k(1),x_j^k(2),-,x_j^k(4)] \tag{2.6}$$

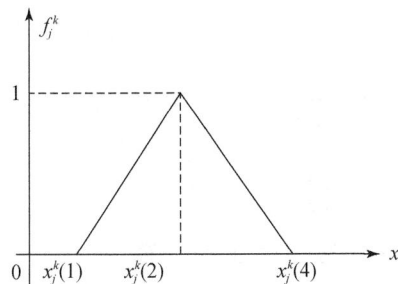

图 2.3　适中测度白化权函数

(3)若白化权函数 $f_j^k(\cdot)$ 无第三和第四个转折点,如图 2.4 所示,则称 $f_j^k(\cdot)$ 为上限测度白化权函数,记为

$$f_j^k[x_j^k(1), x_j^k(2), -, -] \tag{2.7}$$

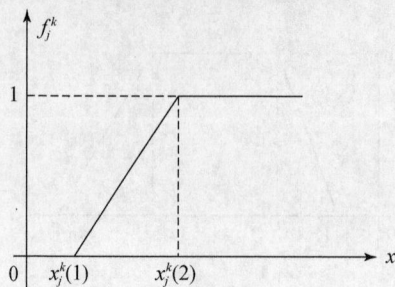

图 2.4　上限测度白化权函数

下面将上述函数做如下命题。

命题 1　对于图 2.1 所示的典型白化权函数有

$$f_j^k(x) = \begin{cases} 0, & x \notin [x_j^k(1), x_j^k(4)] \\ \dfrac{x - x_j^k(1)}{x_j^k(2) - x_j^k(1)}, & x \in [x_j^k(1), x_j^k(2)] \\ 1, & x \in [x_j^k(2), x_j^k(3)] \\ \dfrac{x_j^k(4) - x}{x_j^k(4) - x_j^k(3)} & x \in [x_j^k(3), x_j^k(4)] \end{cases} \tag{2.8}$$

命题 2　对于图 2.2 所示的下限测度白化权函数有

$$f_j^k(x) = \begin{cases} 0, & x \notin [0, x_j^k(4)] \\ 1, & x \in [0, x_j^k(3)] \\ \dfrac{x_j^k(4) - x}{x_j^k(4) - x_j^k(3)} & x \in [x_j^k(3), x_j^k(4)] \end{cases} \tag{2.9}$$

命题 3　对于图 2.3 所示的适中测度白化权函数有

$$f_j^k(x) = \begin{cases} 0, & x \notin [x_j^k(1), x_j^k(4)] \\ \dfrac{x - x_j^k(1)}{x_j^k(2) - x_j^k(1)}, & x \in [x_j^k(1), x_j^k(2)] \\ \dfrac{x_j^k(4) - x}{x_j^k(4) - x_j^k(2)} & x \in [x_j^k(2), x_j^k(4)] \end{cases} \tag{2.10}$$

命题 4　对于图 2.4 所示的上限测度白化权函数有

$$f_j^k(x) = \begin{cases} 0, & x < x_j^k(1) \\ \dfrac{x - x_j^k(1)}{x_j^k(2) - x_j^k(1)}, & x \in [x_j^k(1), x_j^k(2)] \\ 1, & x \geq x_j^k(2) \end{cases} \tag{2.11}$$

定义 5

（1）对于图 2.1 所示的 j 指标 k 子类的白化权函数，令

$$\lambda_j^k = \frac{1}{2}(x_j^k(2) + x_j^k(3)) \tag{2.12}$$

（2）对于图 2.2 所示的 j 指标 k 子类的白化权函数，令 $\lambda_j^k = x_j^k(3)$

（3）对于图 2.3 所示的 j 指标 k 子类的白化权函数，令 $\lambda_j^k = x_j^k(2)$，则称 λ_j^k 为 j 指标 k 子类临界值。

定义 6 设 λ_j^k 为 j 指标 k 子类临界值，则称

$$\eta_j^k = \frac{\lambda_j^k}{\sum\limits_{j=1}^{m} \lambda_j^k} \tag{2.13}$$

为 j 指标 k 子类的权。

定义 7 设 x_{ij} 为对象 i 关于指标 j 的观测值，$f_j^k(\cdot)$ j 指标 k 子类的白化权函数。η_j^k 为 j 指标 k 子类的权，则称

$$\sigma_i^k = \sum_{j=1}^{m} f_j^k(x_{ij}) \cdot \eta_j^k \tag{2.14}$$

为对象 i 关于 k 灰类的灰色变权聚类系数。

定义 8 对象 i 的聚类系数向量为

$$\sigma_i = [\sigma_i^1, \sigma_i^2, \cdots, \sigma_i^s] = \left[\sum_{j=1}^{m} f_j^1(x_{ij}) \cdot \eta_j^1, \sum_{j=1}^{m} f_j^2(x_{ij}) \cdot \eta_j^2, \cdots, \sum_{j=1}^{m} f_j^s(x_{ij}) \cdot \eta_j^s\right] \tag{2.15}$$

聚类系数矩阵为

$$\sum = [\sigma_i^k] = \begin{bmatrix} \sigma_1^1 & \sigma_1^2 & \cdots & \sigma_1^s \\ \sigma_2^1 & \sigma_2^2 & \cdots & \sigma_2^s \\ \vdots & \vdots & & \vdots \\ \sigma_n^1 & \sigma_n^2 & \cdots & \sigma_n^s \end{bmatrix} \tag{2.16}$$

定义 9 设 $\max\limits_{1 \leqslant k \leqslant s} \{\sigma_i^k\} = \sigma_i^{k^*}$，则称对象 i 属于灰类 k^*。

2.3 灰色定权聚类

灰色变权聚类适用于指标的意义、量纲不同，并且不同指标的样本值在数量上差距不大的情况，所以当聚类指标的意义、量纲不同且在数量上悬殊较大时，采用灰色变权聚类可能导致某些指标参与聚类的作用十分微弱。解决这一问题有两种途径：一条途径是先采用初值化算子或均值化算子将各个指标样本值化为无量纲数据，然后进行聚类。这种方式对所有聚类指标一视同仁，不能反映指标在聚类过程中作用的差异性。另一条途径是对各聚类指标事先赋权，即灰色定权聚类法。

定义 1 设 $x_{ij}(i=1,2,\cdots,n; j=1,2,\cdots,m)$ 为对象 i 关于指标 j 的观测值，$f_j^k(\cdot)(j=1, 2,\cdots,m; k=1,2,\cdots,s)$ 为 j 指标 k 子类白化权函数。若 j 指标 k 子类的权 $\eta_j^k(j=1,2,\cdots,m; k=1,2,\cdots,s)$ 与 k 无关，即对任意的 $k_1, k_2 \in \{1,2,\cdots,s\}$ 总有 $\eta_j^{k_1} = \eta_j^{k_2}$，此时可将 η_j^k 的上标 k

略去,记为 $\eta_j(j=1,2,\cdots,m)$,并称

$$\sigma_i^k = \sum_{j=1}^m f_j^k(x_{ij}) \cdot \eta_j \tag{2.17}$$

为对象 i 属于 k 灰类的灰色定权聚类系数。

定义2　设 $x_{ij}(i=1,2,\cdots,n;j=1,2,\cdots,m)$ 为对象 i 关于指标 j 的观测值,$f_j^k(\cdot)(j=1,2,\cdots,m;k=1,2,\cdots,s)$ 为 j 指标 k 子类白化权函数。若对任意的 $j=1,2,\cdots,m$ 总有 $\eta_j = \frac{1}{m}$,则称

$$\sigma_i^k = \sum_{j=1}^m f_j^k(x_{ij}) \cdot \eta_j = \frac{1}{m}\sum_{j=1}^m f_j^k(x_{ij}) \tag{2.18}$$

为对象 i 属于 k 灰类的灰色等权聚类系数。

定义3　根据灰色定权聚类系数的值对聚类对象进行归类,称为灰色定权聚类;根据灰色等权聚类系数的值对聚类对象进行归类,称为灰色等权聚类。

灰色定权聚类可按下列步骤进行:

步骤1　给出 j 指标 k 子类白化权函数 $f_j^k(\cdot)(j=1,2,\cdots,m;k=1,2,\cdots,s)$;

步骤2　确定各指标的聚类权 $\eta_j(j=1,2,\cdots,m)$;

步骤3　从第一步和第二步得出的白化权函数 $f_j^k(\cdot)(j=1,2,\cdots,m;k=1,2,\cdots,s)$,聚类权 $\eta_j(j=1,2,\cdots,m)$ 以及对象 i 关于指标 j 的观测值 $x_{ij}(i=1,2,\cdots,n;j=1,2,\cdots,m)$,计算出灰色定权聚类系数

$$\sigma_i^k = \sum_{j=1}^m f_j^k(x_{ij}) \cdot \eta_j(i=1,2,\cdots,n;k=1,2,\cdots,s) \tag{2.19}$$

步骤4　若 $\max_{1\le k\le s}\{\sigma_i^k\}=\sigma_i^{k^*}$,则断定对象 i 属于灰类 k^*。

2.4　工程应用实践

1. 基本思路

水库汛期分期灰色定权聚类法的基本思想是:首先,选取汛期特定时段为聚类对象,选取气象或水文因子为聚类指标,选取主汛期为灰类(汛期=主汛期+非主汛期、非主汛期=前汛期+后汛期);然后,通过构造白化权函数,计算特定时段属于主汛期这一灰类的定权聚类系数;最后,通过设定的聚类系数阈值将汛期按特定时段归类。

设 $x_{ij}(i=1,2,\cdots,n;j=1,2,\cdots,m)$ 为对象 i 关于指标 j 的观测值,$f_j^k(\cdot)(j=1,2,\cdots,m;k=1,2,\cdots,s)$ 为 j 指标 k 子类白化权函数。若 j 指标 k 子类的权 $\eta_j^k(j=1,2,\cdots,m;k=1,2,\cdots,s)$ 与 k 无关,即对任意的 $k_1,k_2\in\{1,2,\cdots,s\}$ 总有 $\eta_j^{k_1}=\eta_j^{k_2}$,此时可将 η_j^k 的上标 k 略去,记为 $\eta_j(j=1,2,\cdots,m)$,并称 $\sigma_i^k = \sum_{j=1}^m f_j^k(x_{ij})\eta_j$ 为对象 i 属于 k 灰类的灰色定权聚类系数。

水库汛期灰色定权聚类法的计算步骤为:

(1)统计出各聚类对象 i 关于各指标 j 的白化值 x_{ij};

(2)给出各指标 j 属于主汛期灰类的白化权函数 $f_j(\cdot)$;

（3）确定各指标 j 的聚类权 η_j；

（4）计算各对象 i 属于主汛期灰类的定权聚类系数 $\sigma_i = \sum\limits_{j=1}^{m} f_j(x_{ij})\eta_j$；

（5）当聚类系数大于设定阀值时，聚类对象属于主汛期灰类，剩余的对象自动归为非主汛期类；

（6）根据汛期的时序性将非主汛期进一步划分为前汛期和后汛期。

2．运用结果

下面以澄碧河水库为例介绍灰色定权聚类法在水库汛期分期中的应用。气象资料采用澄碧河水库坝首和平塘两个代表雨量站 1963～2014 年共 52 年的逐日降雨量，水文资料采用平塘站 1963～2014 年共 52 年逐日入库流量。

具体过程及结果如下：

（1）确定聚类对象：时段划分以旬为序列对象，将澄碧河水库汛期划分为：4 月上旬、4 月中旬、4 月下旬、5 月上旬、5 月中旬、5 月下旬、6 月上旬、6 月中旬、6 月下旬、7 月上旬、7 月中旬、7 月下旬、8 月上旬、8 月中旬、8 月下旬、9 月上旬、9 月中旬、9 月下旬、10 月上旬、10 月中旬和 10 月下旬共计 21 个旬。

（2）选取聚类指标：选取坝首站暴雨日数、平塘站暴雨日数、坝首站旬平均降雨量、平塘站旬平均降雨量、坝首站旬最大 3 天降雨量、平塘站旬最大 3 天降雨量和平塘站旬多年平均入库流量共 4 个聚类指标，由专家评判法确定 4 个指标相应的权重系数为

$$\omega = [0.1, 0.1, 0.1, 0.1, 0.1, 0.1, 0.4]^{\mathrm{T}}$$

（3）确定灰类：主汛期。

通过专家统计调查，得到各指标属于"主汛期"灰类的白化权函数如下。

$$f_1(0, 30, -, -), f_2(2, 35, -, -), f_3(15, 80, -, -),$$
$$f_4(15, 100, -, -), f_5(40, 200, -, -), f_6(40, 250, -, -), f_7(4, 100, -, -)$$

聚类计算结果见表 2.3。由表可知，4 月至 5 月属于主汛期的聚类系数由 0.01 增至 0.62，增幅虽大，但聚类系数整体偏小；6 月至 8 月属于主汛期的聚类系数整体在 0.70 以上，属于主汛期的程度较高；9 月至 10 月属于主汛期的聚类系数由 0.56 降至 0.31，属于主汛期的程度较低。依据表 2.6 绘制澄碧河水库汛期灰色定权聚类曲线如图 2.5 所示，若取聚类阀值为 0.7，则澄碧河水库控制流域主汛期的划分区间为 6 月上旬至 8 月下旬。综合以上分析结果可得澄碧河水库控制流域的汛期分期：前汛期为 4 月上旬至 5 月下旬，主汛期为 6 月上旬至 8 月下旬，后汛期为 9 月上旬至 10 月下旬。

表 2.3　澄碧河水库灰色定权聚类分期成果

时间/旬	坝首站暴雨日数/天	聚类系数	平塘站暴雨日数/天	聚类系数	坝首站旬平均雨量/mm	聚类系数	平塘站旬平均雨量/mm	聚类系数	旬平均多年入库流量/(m³/s)	聚类系数	属于主汛期的聚类系数
4 上	0	0	2	0	16	0	17	0	5	0	0.01
4 中	6	0.02	9	0.02	20	0.01	24	0.01	7	0.01	0.14

续表

时间/旬	坝首站暴雨日数/天	聚类系数	平塘站暴雨日数/天	聚类系数	坝首站旬平均雨量/mm	聚类系数	平塘站旬平均雨量/mm	聚类系数	旬平均多年入库流量/(m³/s)	聚类系数	属于主汛期的聚类系数
4 下	10	0.03	9	0.02	30	0.02	36	0.02	9	0.02	0.2
5 上	13	0.04	14	0.04	41	0.04	47	0.04	12	0.04	0.33
5 中	18	0.06	21	0.06	50	0.05	57	0.05	26	0.09	0.51
5 下	29	0.1	34	0.1	62	0.07	79	0.08	49	0.18	0.62
6 上	22	07	28	0.08	54	0.06	72	0.07	63	0.25	0.70
6 中	27	0.09	32	0.09	77	0.1	93	0.09	81	0.32	0.88
6 下	28	0.09	33	0.09	80	0.1	104	0.1	99	0.4	0.99
7 上	27	0.09	30	0.08	66	0.08	81	0.08	105	0.4	0.89
7 中	27	0.09	31	0.09	65	0.08	81	0.08	98	0.4	0.91
7 下	32	0.1	35	0.1	75	0.09	92	0.09	107	0.4	0.93
8 上	23	0.08	28	0.08	69	0.08	87	0.09	107	0.4	0.92
8 中	27	09	28	0.08	63	0.07	78	0.07	103	0.4	0.8
8 下	24	0.08	27	0.08	58	0.07	63	0.06	78	0.32	0.76
9 上	15	0.05	17	0.05	41	0.04	49	0.04	63	0.26	0.56
9 中	11	0.04	8	0.02	29	0.02	33	0.02	45	0.18	0.4
9 下	11	0.04	8	0.02	26	0.02	26	0.01	30	0.11	0.32
10 上	7	0.02	11	0.03	23	0.01	25	0.01	27	0.09	0.23
10 中	7	0.02	10	0.02	21	0.01	33	0.02	25	0.09	0.32
10 下	10	0.03	7	0.02	31	0.02	31	0.02	19	0.07	0.31

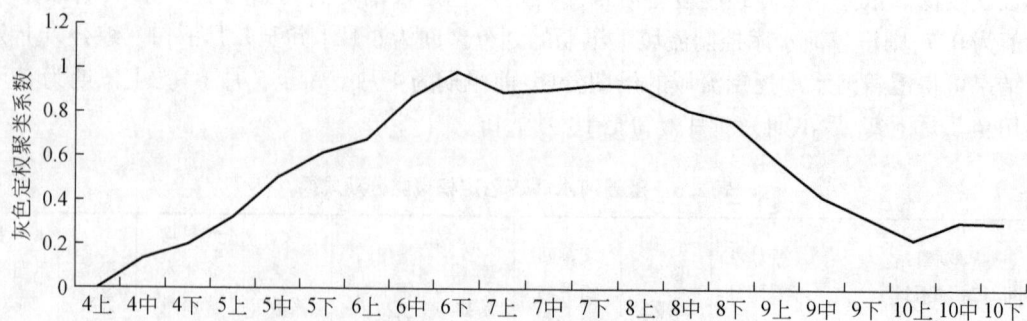

图 2.5　澄碧河水库汛期灰色定权聚类曲线

2.5 小   结

本章采用灰色定权聚类法对澄碧河水库控制流域的旬暴雨日数、旬平均降雨量,旬最大 3 天降雨量及旬多年平均入库流量进行灰色聚类分析,得到澄碧河水库汛期的灰色划分,即前汛期为 4 月上旬至 5 月下旬,主汛期为 6 月上旬至 8 月下旬,后汛期为 9 月上旬至 10 月下旬。灰色定权聚类法采用多因子样本进行聚类,原理简单、计算方便。客观上,灰色定权法在白化权函数、指标聚类权重以及聚类阀值的确定方面存在一定的主观性,建议加强这方面的改进研究。

第3章 水库汛期分期的分形方法及应用

分形理论是描述非线性系统中有序与无序、确定性与非确定性的方法,能有效处理形态、功能、信息等方面具有自相似性的对象,也可表征研究对象的复杂性、不规则性等内在的规律。分形方法在水库汛期分期中具有定量、客观、简易等优点,便于推广应用。本章将详细介绍分形方法的有关理论,并探讨其工程应用的问题。

3.1 分形方法理论

3.1.1 分形理论概述

分形理论由美籍法国数学家 Mandelbrot B. B. (曼德尔布罗特)于 1975 年创立,他认为在形态、时间和空间方面,客观事物的局部和整体常常具有自相似性和标度不变性(张济中,1995)。自相似性与标度不变性是分形的两个重要特性,分形维数则是分形理论的定量化方法。

1. 自相似性

人类在观察和研究自然界的过程中,认识到自相似性可以存在于物理、化学、天文学、生物学、材料科学、经济学、社会科学等众多学科中,也可以存在于物质系统的多个层次上。自相似性是物质运动、发展的一种普遍的表现形式,即是自然界的普遍规律之一,但它在近几十年里才真正被科学工作者当做自然界的本质特性来进行研究。

一个系统的自相似性是指某种结构或过程的特征从不同的空间尺度或时间尺度来看是相似的,或者某系统或结构的局部性质或局部结构与整体类似。另外,在整体与整体或部分与部分之间,也会存在自相似性(张济中,1995)。一般情况下,自相似性有比较复杂的表现形式,而不是局部放大一定倍数后简单地与整体完全重合。

在欧式几何学中,点、线、面以及立体几何(立方体、球、锥体等)等规则形体是对自然界中事物的高度抽象,也是欧式几何学的研究范畴。这些人类创造出来的几何体可以是严格对称的,也可以是在一定的测量精度范围内,制造出两个完全相同的几何体。然而自然界中广泛存在的则是形形色色的不规则的形体,如地球表面的山脉、河流、海岸线等,这些自然界产生的形体具有自相似性特征,它们不可能是严格的对称,也不存在两个完全相同的形体。

在数学上,可以用一般的代数方程或微分方程来描述某一个物理系统,计算结果发现,有些系统往往存在着一种无限嵌套的自相似性的结构,而结构本身某些定量性质与该系统的具体内容无关。数学家们设想了许多不规则的集合图形。其中,瑞典数学家科赫(H. von Koch)在 1904 年首次提出的 Koch 曲线就是典型的例子,参见图 3.1(张济中,1995)。其形成方法为:把一条直线等分为 3 段,将中间的一段用夹角为 60°的两条等长的折线来代替,形成一个生成元;然后再把每条直线段用生成元进行代换,经无穷多次迭代后就呈现出一条无穷多弯曲的 Koch 曲线。

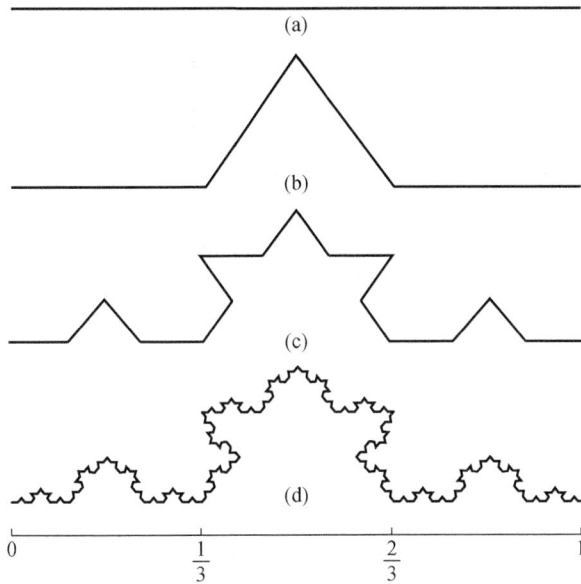

图 3.1　3 次 Koch 曲线

从图中可以看出,Koch 曲线是个分形,具有自相似性特征。由于它是按一定的数学法则生成的,因此具有严格的自相似性,这类分形通常被称为有规分形。而自然界里的分形,其自相似性并不是严格的,而是在统计意义下的自相似性,这种满足统计自相似性的分形称为无规分形。

也就是说,自然界形体按照形状是否规则大体可分成两类,一类是规则分形,另一类是不规则分形。传统的欧式几何图形都是有规则的物体,这些图形的边缘都是连续、光滑的,它们具有严格的自相似性。但是,客观世界存在许许多多的不规则形状的物体,如起伏不平的山脉、弯弯曲曲的海岸线、纵横交错的血管、布朗运动轨迹等,这类物体它们具有近似的或者统计意义上的自相似性。然而,统计意义的自相似性在视觉上看起来并不明显。图 3.2 为摩擦系统的一个时间序列信号,虽然从信号曲线及其两次局部放大图看不出相似之处,但它们的统计参数却有一致性,分形维数随着曲线的放大而保持常数,此为统计意义自相似性。

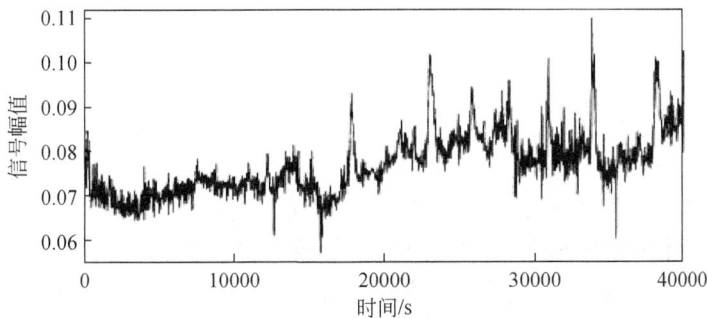

(a)原始信号曲线

(b)第一次局部放大后的信号曲线

(c)第二次局部放大后的信号曲线

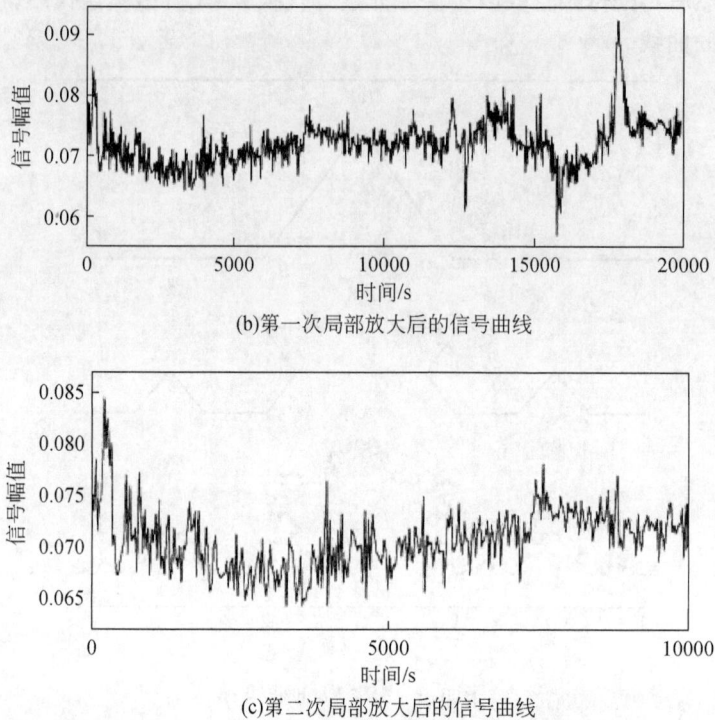

图 3.2　时间序列信号的统计意义自相似性

再如研究分形的经典例子——海岸线的测量,海岸线就是统计意义自相似性典型的例子。从飞机上俯视海岸线,可以发现海岸线并不是规则的光滑的曲线,而是由许多半岛和港湾组成的,随着观察高度的降低(即相当于放大倍数的增大),可以发现原来的半岛和港湾又是由很多较小的半岛和港湾所组成的。当沿着海岸线行走时,再来观察脚下的海岸线,则会发现更为精细的结构——具有相似性特征的更小的半岛和港湾组成了海岸线。

由此,一个普通的问题被提了出来,一条海岸线的长度能否精确测量?答案是否定的,人们无法精确的测量海岸线的长度,因为随着测量尺子长度的减小,海岸线的长度会逐渐增大,如用 1dm 的尺子去测量海岸线所得的长度比用 1m 长的尺子去测量所得的长度要大得多。这也就是 1967 年 Mandelbort 在美国《科学》杂志上首次发表一篇题为"英国的海岸线有多长?"的论文成为学术界震惊的原因,该论文的发表同时也标志着分形理论这门学科的开启。

2. 标度不变性

所谓标度不变性,是指在分形上任选一局部区域,对它进行放大,这时得到的放大图又会显示出原图的形态特性。因此,对于分形,不论将其放大或缩小,它的形态复杂程度、不规则性等各种特性均不会发生变化,所以标度不变性又称之为伸缩对称性(张济中,1995)。通俗的说,就是如果用放大镜来观察一个分形,不管放大倍数如何变化,看到的情形都是一样的,从观察到的图像,无法判断所用放大镜的倍数。如上文中提到的 Koch 曲线是具有严格的自相似性的有规分形,无论将它放大或缩小多少倍,它的基本几何特征都保持不变,很显然,它具有标度不变性。

以常见的云为例,当用某一倍数的望远镜来进行观察时,会看到某种复杂的不规则的凹凸形态。若继续用较高倍数的望远镜再来观察云的一个局部时,还会看到同样复杂而不规则的凹凸形态,与前面看到的图像完全类似。若再用更高倍数的望远镜来观察,情况也是如此。

图 3.3 显示了一个自相似表面的投影图,其中,图 3.3(b)是图 3.3(a)中一个突出端的放大图,它同样显示出图 3.3(a)的基本几何特征,从这两个图无法判断它们的放大倍数的大小,也就是说,这个自相似表面具有标度不变性。

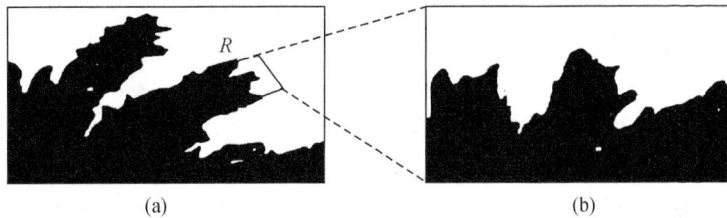

图 3.3　一个自相似表面的投影图

按照分形的分类,图 3.3 中的自相似表面属于表面分形(surface fractal),并用下式来描述

$$S \sim R^{D_s} \tag{3.1}$$

式中,S 是表面积;D_s 是表面分形维数;R 是该表面的尺度。对一个普通的致密的平整表面,$D_s = 2$;而对分形表面,D_s 可以是 2 和 3 之间的非整数。实际上,D_s 也提供了表面粗糙度的一个定量描述。

值得注意的是,除了上述严格的数学模型(如 Koch 曲线)外,对于实际分形体来说,这种标度不变性只在一定的范围内适用。通常把下边界取到原子尺度,上边界取到宏观实物。对于一般物体而言,标度变换的范围往往可以达到好几个数量级。人们通常把标度不变性适用的空间称之为该分形体的无标度空间。例如,云的投影只在 $1 \sim 10^6 \mathrm{km}^2$ 尺度内有自相似性,其维数为 1.35,在此范围之外,就不是分形了。

3. 分形维数

维数是刻画图形占领空间规模和整体复杂性的量度,是图形最基本的不变量。相对于传统几何学的整数维数,如零维的点、一维的线、二维的面、三维的立体,复杂分形集需用分数维数来描述,如 0.48、1.66、2.88,它研究的对象在自然界中普遍存在。分形集的复杂性,用分形维数来描述,简称为分维数。对于不同的测量对象需要不同的测量方法,所以分维数也有不同的定义。主要有相似维数、Hausdorff 维数、容量维数等(汪富泉、李后强,1996)。

1)相似维数

根据相似性,重新来看线段、正方形和立方体的维数。首先,把线段、正方形和立方体的边分成两等分,这样,线段成为一半长度的两个线段,正方形则是边长为原来 1/2 的 4 个小正方形,而立方体则可分为边长为原边长 1/2 的 8 个小立方体。如此,原来的线段、正方形和立方体可被看成为分别由 2、4、8 个把全体分成 1/2 的相似形组成。2、4、8 可改写为 2^1、

2^2、2^3,在此出现的指数 1、2、3 分别与其图形的经验维数一致。一般地,如果某图形是由全体缩小为 $1/a$ 的 a^D 个相似图形构成的,那么该指数 D 就具有维数的意义,此维数称为相似维数。相似维数的提出将经验维数扩大到非整数值范畴,但按照其定义,它仅适用于有严格自相似性的有规分形,所以,定义适用于随机图形在内的任意图形的维数是很有必要的。

2)Hausdorff 维数

波恩大学数学家 Hausdorff 于 1919 年从测量学的角度引进了 Hausdorff 维数的定义(张济中,分形)。Hausdorff 指出,对于任何一个有确定维数的几何体,若用与它相同维数的"尺"去度量,则可得到一个确定的数值 N;若用低于它维数的"尺"去量它,结果为无穷大;若用高于它维数的"尺"去量它,结果为零。其数学表达式为

$$N(\gamma) \sim \gamma^{-D_H} \tag{3.2}$$

对上式两边取自然对数,再进行简单运算后,可得下式

$$D_H = \ln N(\gamma) / \ln(1/\gamma) \tag{3.3}$$

式中,D_H 为 Hausdorff 维数,它可为整数,也可为分数。在欧式几何中所讨论的几何体,它们是光滑平整的,其 D 值为 1 或 2 或 3,均为整数。但自然界造就的各种物体,它们的形态千奇百怪,并不都是光滑平整的,如弯弯曲曲的海岸线,起伏不平的山脉,迂回曲折的河流等等,如何确定这些不规则、不平整物体的维数是数学家们需要解决的问题。Koch 曲线就是病态几何图形之一,可以用它来模拟自然界中的海岸线。应用上面的公式可以求出 Koch 曲线的维数,其基本单元由 4 段等长的线段构成,每段长度为 1/3,即 $N=4$,$r=1/3$。

$$D_H = \ln 4 / \ln 3 = 1.2618$$

D_H 是个比 1 大的分数,这反映了 Koch 曲线要比一般的曲线来得复杂和不规则,实际上,它是一条处处连续但不可微的曲线。在此基础上,就可引入分形的两个较为原始且粗糙的定义。

定义 1 如果一个集合在欧式空间中的 Hausdorff 维数 D_H 恒大于其拓扑维数 D_T,即

$$D_H > D_T \tag{3.4}$$

则称该集合为分形集,简称分形。

这个定义是由 Mandelbort 于 1982 年提出的,四年后,他又提出了下面的定义(张济中,1995)

定义 2 组成部分以某种方式与整体相似的形体叫分形。

此处的"某种方式"是指"自相似",这个定义既通俗又直观,它不仅突出了分形的自相似性,而且反映了自然界中广泛存在的一类物质的基本属性。局部与局部,局部与整体在形态、功能、信息、时间与空间等方面具有统计意义上的自相似性。但应该注意一点,此处的"自相似性"与欧式几何学中的"自相似性"是两个不同的概念,如两个三角形是相似的,但不能说它们是分形。这个定义把一些不属于分形的物体包括在内了,所以不能作为分形理论的严密定义。

应当指出的是,虽然有上述两个定义,但迄今为止对分形尚未有严密的定义,对分形给予严密的定义还为时过早。有的学者认为,对"分形"的定义可以采用生物学中对"生命"定义的同样方法处理。生物学中"生命"并没有严格和明确的定义,但可以列出一系列生命物

体的特性,如繁殖能力、运动能力、对周围环境的相对独立存在能力等。同样的,对分形,似乎最好把它看成具有下列性质的集合,而不是去寻求精确的定义,因为这种定义总是会把一些有趣的情形排除掉。一般地,称集合 F 是分形,即认为它具有下列典型特征:

(1)F 具有精细的结构,即有任意小比例的细节;

(2)F 是如此的不规则,以至于它的整体与局部都不能用传统的几何语言来描述;

(3)F 通常有某种自相似的形式,这种自相似可以是近似的或是统计意义的;

(4)F 的"分形维数"(以某种方式的定义的)一般大于它的拓扑维数;

(5)在大多数情况下,F 可以用非常简单的方法来定义,可能由迭代产生。

此外,就分形维数而言,一个集合的分形维数还不能给出该集合的基本信息,有时需要借助其他维数来给出。

3)容量维数

容量维数是由 Kolmogorow 推导而得的,它的定义与 Hausdorff 维数很相似。假设 F 是 d 维欧氏空间中的有界子集,$N(\varepsilon)$ 是覆盖 F 的半径为 ε 的闭合的最少个数,则容量维 D_b 定义(汪富泉、李后强,1996)为

$$D_b = \lim_{\varepsilon \to 0}(\log N(\varepsilon)/\log(1/\varepsilon)) \tag{3.5}$$

这是因为在 $\varepsilon \to 0$ 时,$N(\varepsilon)$ 与 ε^{-D_c} 成比例,所以式(3.5)成立。而且,在 $\varepsilon = 0$ 时,有

$$\log N(\varepsilon) \approx -D_c = D_c\log(1/\varepsilon) \tag{3.6}$$

此式提供了近似计算容量维的试验方法。在不同的标度 ε 下,计算出不同的 $N(\varepsilon)$。在双对数坐标系下,用最小二乘法回归点 $[\log(1/\varepsilon), \log N(\varepsilon)]$,就可以求出容量维数。

上述维数都有严格的数学定义,而且已有不少数学上的结果。但在自然界中,并不存在像数学上那样严格、规则的分形,大量存在着的只是近似分形。所谓的自相似性,也只在一定的标度范围存在。所以,人们在运用中也提出了一些具有实用意义的确定维数的方法,用得比较多的是通过 $\ln\varepsilon - \ln N N(\varepsilon)$ 相关图间接求出容量维数。

3.1.2　汛期分期中的分形方法

水文现象随时间而变化,称为水文过程。大量实测资料表明,实际的水文过程既受到确定性因素的作用,又受到随机性因素的影响,是错综复杂的非线性过程。但不管水文过程如何复杂,一般而言,它与其他自然现象过程一样,具有随机性、非线性、确定性和相似性。

水文过程受随机性因素的影响,表现为随机性和非线性。水文过程形成和演变过程中受到诸多因素影响,如在径流(流量)过程的形成和演变中,受到降水量的大小、时间及空间分布随机性和非线性的影响,受到下垫面的地形、地势、地质、植被、湖泊、土壤及其含水量等众多随机性和非线性因素的影响。因此,径流(流量)自然过程表现出随机性和非线性的分形特性现象。

水文过程受确定性因素的影响,表现为确定性和相似性。由于影响水文过程的主要因素是气候因素,存在以年为周期的季节变化。这种水文过程的局部(年际间)与整体(长系列)关系对分形理论来说,可视为水文过程年际间的自相似性。同样,由于受一次降水量过

程的影响,一场洪水过程都是经历由起涨到达峰顶最后消退的过程,年内汛期洪水总趋势与场次洪水过程间具有自相似性。这是由季风活动、副热带高压等天气系统的季节性活动自相似性,形成的暴雨以及相应的洪峰流量及其洪水过程,在年内季节间具有自相似性的分形特性现象(Bruce,2006)。因此,可应用分形理论研究水文现象。

许多学者已将分形理论应用于水库汛期分期中,如侯玉等(1999)以洪峰流量为指标因子用分形理论对二滩电站水库进行汛期分期探讨研究;方崇惠等(2005)、董前进等(2007)用分形理论以日流量为指标因子分别对漳河水三峡水库进行了汛期分期,取得了较好的效果。

分形特征用分形维数这一定量参数来描述,主要有信息维数、关联维数和容量维数(张济中,2011),本章用容量维数进行分析,其步骤如下(张建生等,2009):

(1)取汛期内的样本点系列 $X_1, X_2, \cdots, X_n$;

(2)根据样本时段的起始长度和步长跨度,确定某时段长 T,单位为天;

(3)在时段 T 内选定能反映其样本的汛期分割水平 Y,单位为 mm;

(4)分别取时间尺度 $\varepsilon = \{1\ \text{天}, 2\ \text{天}, \cdots, 10\ \text{天}\}$,并统计样本 X_i 超过分割水平 Y 的时段数 $N(\varepsilon)$;

(5)根据该时段长 T 和不同时间尺度 ε,按下式计算与 ε 对应的相对时间尺度 $NT(\varepsilon)$;

$$NT(\varepsilon) = T/\varepsilon \tag{3.7}$$

(6)按下式计算相对量度值 $NN(\varepsilon)$;

$$NN(\varepsilon) = N(\varepsilon)/NT(\varepsilon) \tag{3.8}$$

(7)计算与各时间尺度 ε 相应的 $\ln NN(\varepsilon)$、$\ln(\varepsilon)$,并作 $\ln\varepsilon - \ln NN(\varepsilon)$ 相关图;

(8)在 $\ln\varepsilon - \ln NN(\varepsilon)$ 相关图上,选择无标度区间直线段并求出其斜率 b,由下式可求得容量维数 D_b:

$$D_b = 2 - b \tag{3.9}$$

(9)如果增大和减小时段长度 T,重复(2)~(8)步骤所得容量维数 D_b 基本相等,则 T 为同一个分期;

(10)重复上述(1)~(9)步,可确定汛期的分期。

在进行容量维数计算时,要将判定的指标因子按时间序列进行排列。考虑到计算的精度和分期的复杂性,首先以一定天数为步长进行维数计算,当某一时间段容量维数发生突变的时候,再在该时间段缩短步长进行计算,直到达到精度要求为止。又考虑到汛期变化规律的季节性及其成因的特点,分期不宜太短,故一般以不短于 30 天为宜。根据已有学者研究,分形的容量维数最大偏差不大于 5% 归为一类(钱镜林、郑敏生,2012)。

3.2　工程应用实践

3.2.1　汛期划定

在汛期与非汛期界定上,通常的做法是根据工程水库所在的地区或流域水系来一般性界定。但是特定的水库有特定的汛期起讫时间,并不能根据流域水系或地区对汛期的划分一概而论。因此,在少雪的南方应该根据水库坝址所在的流域降雨的实际情况来界定,可对库区流域暴雨进行统计划分。

　　根据气象部门规定的降雨量等级的划分,24 小时内降雨量达到 50mm 以上则为暴雨等级。本章对澄碧河水库 1963 ~ 2014 年单站日均降雨量进行统计分析,日均降雨量超过 50mm 的样本有 283 个,其旬分布见表 3.1,其散点图见图 3.4。

表 3.1　澄碧河 1963 ~ 2014 年日平均降雨量旬分布情况

1 月			2 月			3 月			4 月		
上旬	中旬	下旬	上旬	中旬	下旬	上旬	中旬	下旬	上旬	中旬	下旬
0	0	0	0	0	1	0	0	1	0	4	6
5 月			6 月			7 月			8 月		
上旬	中旬	下旬	上旬	中旬	下旬	上旬	中旬	下旬	上旬	中旬	下旬
11	14	19	18	32	24	23	24	20	20	18	16
9 月			10 月			11 月			12 月		
上旬	中旬	下旬	上旬	中旬	下旬	上旬	中旬	下旬	上旬	中旬	下旬
9	2	5	3	8	7	0	0	0	0	0	0

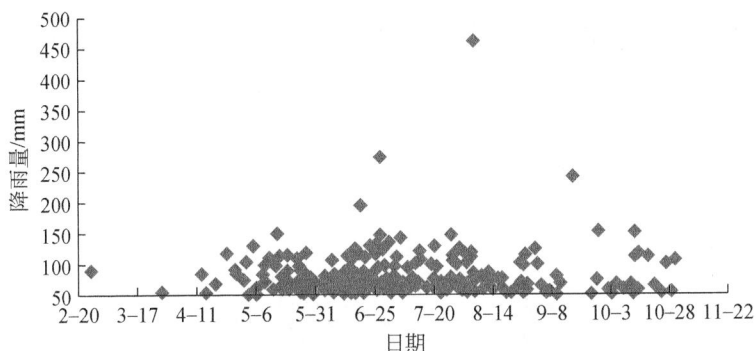

图 3.4　澄碧河水库 1963 ~ 2014 年 24 小时内降雨量达到 50mm 散点图

　　从表 3.1 和图 3.4 可以看出,4 月中旬到 10 月下旬都出现超过 50mm 的降雨,2 月和 3 月下旬各有一次超过 50mm 的降雨。为了更好的保证暴雨出现的时序性和汛期存在的普遍性,也因为分期不能破坏水文系列的时序性(张建生等,2009),故将 2、3 月下旬两次样本舍掉。汛期与非汛期的界定在于以旬为单位段连续发生超过特定暴雨等级的持续时间;而汛期分期起讫时间的界定则主要考虑暴雨的等级,因为只有暴雨形成足够大量级的洪水才会对水库构成威胁。以此分析剩余的样本数据,发现一年内日均降雨量超过 50mm 的最早出现时间是 1969 年的 4 月 13 日,最晚出现时间是 2008 年的 10 月 31 日。由此,可确定澄碧河水库的汛期是 4 月 13 日—10 月 31 日,共 202 天,非汛期是 11 月 1 日至翌年

4 月 12 日,共 163 天。

3.2.2　汛期分期

根据澄碧河水库 1963 ~ 2014 年共 52 年的汛期多年平均日均降雨量、多年日均最大降雨量、多年平均日均径流量、多年日均最大径流量 4 个数据的时间系列进行分形计算,划定其汛期分期。在计算过程中,选取初始时间长度为 30 天,先以 10 天为步长进行维数计算,再缩短到 5 天为步长进行加密计算。因此,计算精度为 5 天。

1. 多年平均日均降雨量指标

分形理论容量维数法要求样本是连续的,因此,在分期研究之前首先要推求连续的降雨量时间系列。根据澄碧河水库 52 年长系列逐日日均降雨量,由下式可推求汛期 52 年的平均日均降雨量。

$$H_j = \frac{\sum\limits_{i=a}^{b} h_{ij}}{b - a + 1} \tag{3.10}$$

式中,H_j 为系列中汛期平均日均降雨量,mm;h_{ij} 为系列中汛期某天的日均降雨量,mm;a 为系列的起始年份,本章计算中为 1963 年;b 为系列的结束年份,本章计算中为 2014 年;i 为系列的年份,取 $i = \{1963, 1964, \cdots, 2014\}$;$j$ 为系列的某天,取 $j = \{4$ 月 13 日,4 月 14 日,$\cdots$,10 月 31 日$\}$。

由此求得澄碧河水库汛期多年平均日均降雨量,绘制散点图如图 3.5 所示。

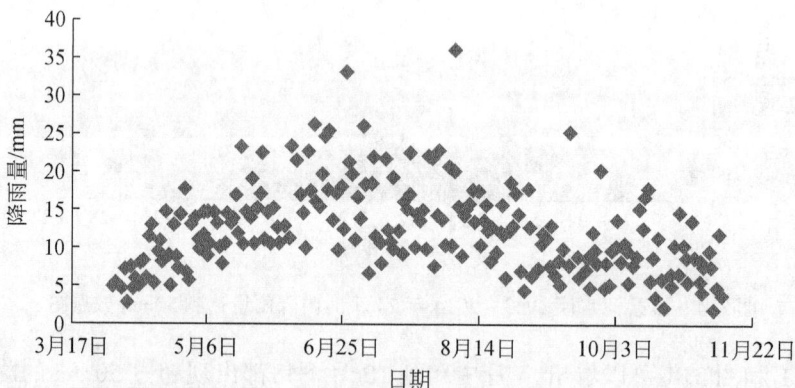

图 3.5　澄碧河水库汛期多年平均日降雨量散点图

根据计算,澄碧河水库汛期分期结果见表 3.2,各分期的 $\ln\varepsilon - \ln NN(\varepsilon)$ 相关图分别见图 3.6 ~ 图 3.8。

表 3.2　多年平均日均降雨量时间序列分期结果

分期名	时长/天	切割水平/mm	分期时段	斜率	容量维数	相对误差/%	最大相对误差/%
第1分期	30	65	4 月 13 日—5 月 1 日	0.547	1.453	—	1.96
	40	71.4	4 月 13 日—5 月 2 日	0.575	1.425	1.96	
	50	74.8	4 月 13 日—6 月 1 日	0.569	1.431	0.42	
	55	73.8	4 月 13 日—6 月 6 日	0.563	1.437	0.42	
	60	75.3	4 月 13 日—6 月 1 日	0.389	1.611	10.80	
第2分期	30	113.4	6 月 7 日—7 月 6 日	0.499	1.501	—	1.74
	40	105	6 月 7 日—7 月 16 日	0.493	1.507	0.40	
	50	100	6 月 7 日—7 月 26 日	0.509	1.491	1.07	
	60	100.7	6 月 7 日—8 月 5 日	0.49	1.51	1.25	
	70	103	6 月 7 日—8 月 15 日	0.483	1.517	0.46	
	80	98	6 月 7 日—8 月 25 日	0.489	1.511	0.40	
	85	97.3	6 月 7 日—8 月 30 日	0.342	1.658	8.87	
第3分期	30	64.5	8 月 26 日—9 月 24 日	0.529	1.471	—	1.9
	40	64	8 月 26 日—10 月 4 日	0.519	1.481	0.68	
	50	64.5	8 月 26 日—10 月 14 日	0.523	1.477	0.27	
	60	62	8 月 26 日—10 月 24 日	0.523	1.477	0	
	67	62	8 月 26 日—10 月 31 日	0.501	1.499	1.47	

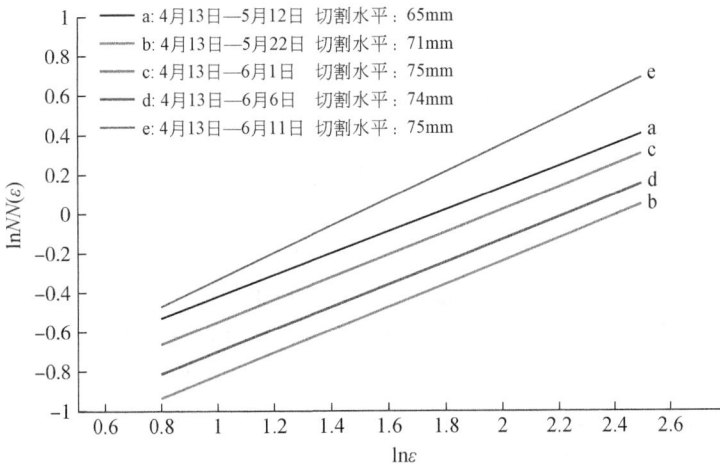

图 3.6　多年平均日均降雨量时间序列第一分期 $\ln\varepsilon$-$\ln N N(\varepsilon)$ 相关图

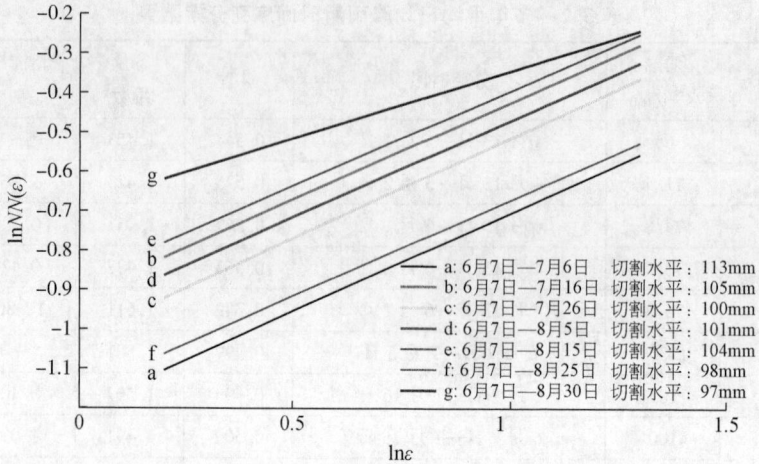

图 3.7　多年平均日均降雨量时间序列第二分期 $\ln\varepsilon$-$\ln NN(\varepsilon)$ 相关图

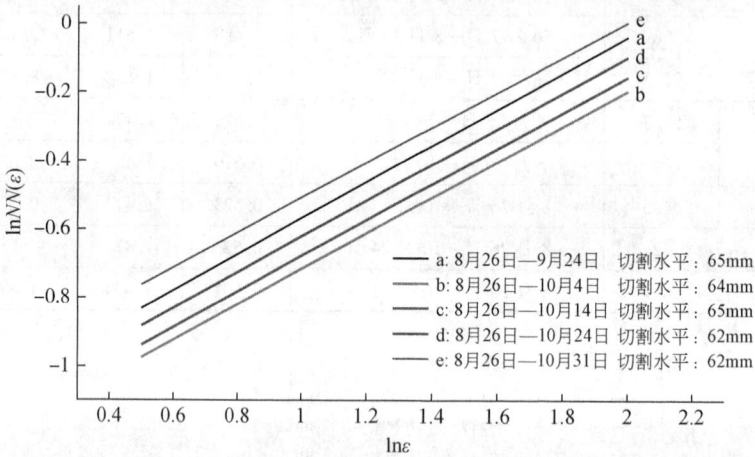

图 3.8　多年平均日均降雨量时间序列第三分期 $\ln\varepsilon$-$\ln NN(\varepsilon)$ 相关图

从表 3.2 可知,第一分期计算过程中,$T=30$ 天、40 天、50 天和 55 天时,容量维数最大偏差值为 0.028,最大偏差值与其中最小容量维数比值仅为 1.96%,可以认为前面时段的容量维数基本相等,处于同一分期。从图 3.6 可看出,$T=60$ 天时,容量维数值与前面各时段容量维数值发生了突变,最大偏差为 0.186,最大偏差值与最小容量维数值比值为 13.05%,相差比较大,认为与前面时段不在同一分期。由此,可确定汛期第一分期时间段为 4 月 13 日—6 月 6 日。

从表 3.2 和图 3.7 可知,$\ln\varepsilon$-$\ln NN(\varepsilon)$ 线性斜率 b 在时段 $T=85$ 时发生突变,前面各时段最大偏差值为 0.026,斜率值基本相等,最大偏差值与其中最小容量维数比值为 1.74%,可视为同一分期。相应地,汛期第二分期时间段可确定为 6 月 7 日—8 月 25 日。

从表 3.2 和图 3.8 可知,8 月 26 日到汛期结束(10 月 31 日),各时段的容量维数值基本相等,最大偏差值为 0.028,与最小容量维数值比值为 1.9%,可视为同一分期,故第三分期时间段为 8 月 26 日—10 月 31 日。

因此,把汛期分为 3 期,以多年平均日均降雨量为时间序列分期计算结果为:前汛期 4 月 13 日—6 月 6 日,主汛期 6 月 7 日—8 月 25 日,后汛期 8 月 26 日—10 月 31 日。

2. 多年日均最大降雨量指标

根据澄碧河水库52年长系列逐日日均降雨量,由式(3.11)可推求出汛期每日日均最大降雨量。

$$h_j = \sum_{j=a}^{b} \max\left[h_{j1963}, h_{j1964}, \cdots, h_{j2011}\right] \tag{3.11}$$

式中,h_j为汛期某天在系列中的日均最大降雨量,mm;a为系列的起始年份,本次为1963年;b为系列的结束年份,本次为2014年;j为汛期中的某天,本次计算中$j=\{4$月13日,4月14日,$\cdots$,10月31日$\}$。

由此求得澄碧河水库汛期多年日均最大降雨量,绘制散点图如图3.9所示。

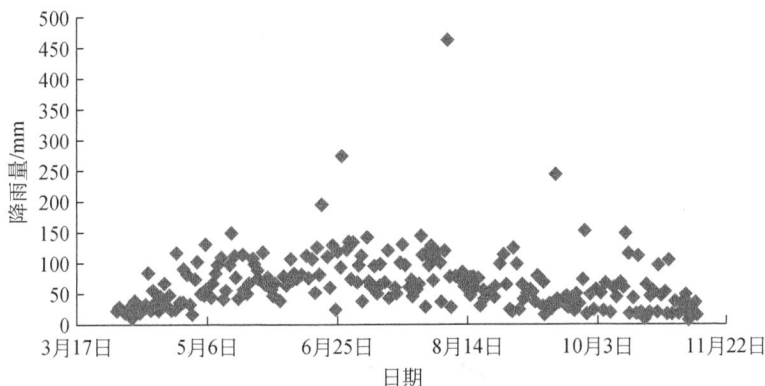

图3.9　澄碧河水库汛期多年日均最大降雨量散点图

根据分形方法的计算,其分期结果见表3.3,各分期的$\ln\varepsilon - \ln NN(\varepsilon)$相关图分别见图3.10～图3.12。

表3.3　多年日均最大降雨量时间序列分期结果

分期名	时长/天	切割水平/mm	分期时段	斜率	容量维数	相对误差/%	最大相对误差/%
第一分期	30	65	4月13日—5月12日	0.568	1.432	—	0.91
	40	71	4月13日—5月22日	0.575	1.425	0.49	
	50	75	4月13日—6月1日	0.568	1.432	0.49	
	55	74	4月13日—6月6日	0.562	1.438	0.42	
	60	75	4月13日—6月11日	0.489	1.511	5.08	
第二分期	30	113	6月7日—7月6日	0.580	1.42	—	1.696
	40	104	6月7日—7月16日	0.581	1.419	0.07	
	50	100	6月7日—7月26日	0.569	1.431	0.85	
	60	100	6月7日—8月5日	0.561	1.439	0.56	

分期名	时长/天	切割水平/mm	分期时段	斜率	容量维数	相对误差/%	最大相对误差/%
第二分期	70	103	6月7日—8月15日	0.585	1.415	1.67	1.696
	80	98	6月7日—8月25日	0.585	1.415	0.00	
	85	97	6月7日—8月30日	0.571	1.429	0.99	
	90	96	6月7日—9月4日	0.469	1.531	7.14	
第三分期	30	61	8月31日—9月29日	0.423	1.577	—	3.27
	40	58	8月31日—10月9日	0.461	1.539	2.41	
	50	62	8月31日—10月19日	0.453	1.547	0.52	
	62	60	8月31日—10月31日	0.473	1.527	1.29	

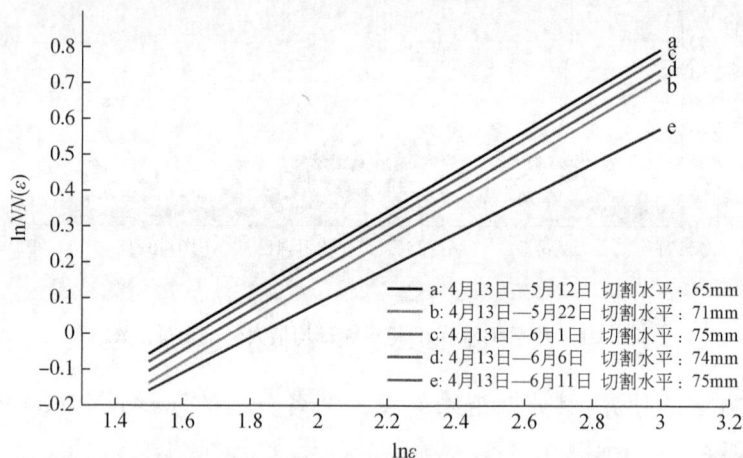

图 3.10 多年日均最大降雨量时间序列第一分期 $\ln\varepsilon$-$\ln NN(\varepsilon)$ 相关图

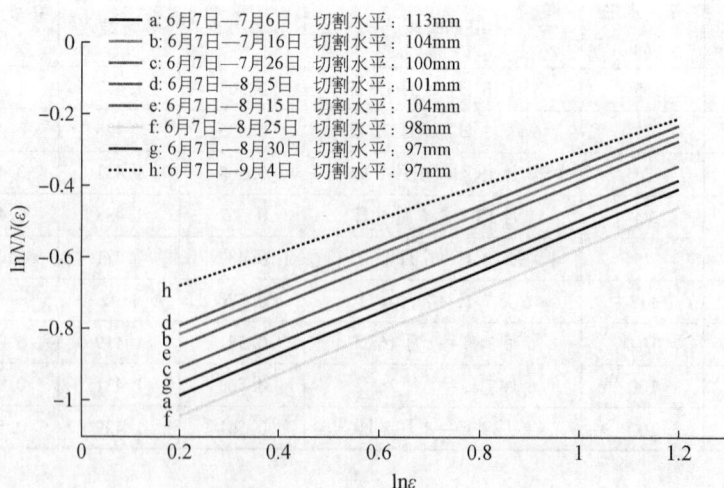

图 3.11 多年日均最大降雨量时间序列第二分期 $\ln\varepsilon$-$\ln NN(\varepsilon)$ 相关图

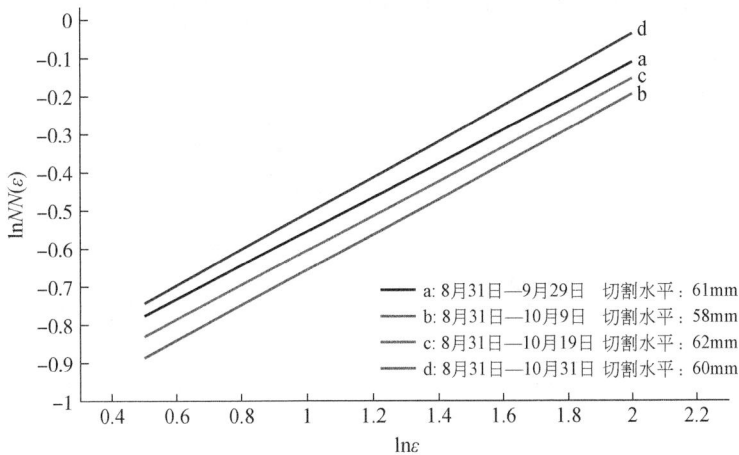

图 3.12　多年日均最大降雨量时间序列第三分期 $\ln\varepsilon$-$\ln NN(\varepsilon)$ 相关图

　　从表 3.3 可知,第一分期计算过程中,T=30 天、40 天、50 天和 55 天时,容量维数最大偏差值为 0.013,最大偏差值与其中最小容量维数比值仅为 0.91%,远小于 5%,可以认为前面时段的容量维数基本相等,处于同一分期。从图 3.10 可看出,T=60 天时,容量维数值与前面各时段容量维数值发生了突变,最大偏差为 0.086,最大偏差值与最小容量维数值比值为6.03%,超过 5%,认为与前面时段不在同一分期。由此,可确定汛期第 1 分期时间段为 4 月13 日—6 月 6 日。

　　从表 3.3 和图 3.11 可知,$\ln\varepsilon$-$\ln NN(\varepsilon)$ 线性斜率 b 在时段 T=85 天时发生突变,前面各时段最大偏差值为 0.024,斜率值基本相等,最大偏差值与其中最小容量维数比值为1.696%,可视为同一分期。相应地,汛期第二分期时间段可确定为 6 月 7 日—8 月 30 日。

　　从表 3.3 和图 3.12 可知,8 月 30 日到汛期结束(10 月 31 日),各时段的容量维数值基本相等,最大偏差值为 0.05,与最小容量维数值比值为 3.27%,小于 5%,故可视为同一分期,故第三分期的时间段为 8 月 31 日—10 月 31 日。

　　因此,把汛期分为 3 期,以多年日均最大降雨量为时间序列分期计算结果为:前汛期 4月 13 日—6 月 6 日、主汛期 6 月 7 日—8 月 30 日、后汛期 8 月 31 日—10 月 31 日。

　　3. 多年平均日均径流量指标

　　根据澄碧河水库 52 年长系列逐日日均径流量,由式(3.12)可推求汛期 52 年的平均日均径流量。

$$Q_j = \frac{\sum_{i=a}^{b} q_{ij}}{b-a+1} \tag{3.12}$$

式中,Q_j 为系列中汛期的平均日均径流量;q_{ij} 为系列中汛期某天的日均径流量,m^3/s;a 为系列的起始年份,本次为 1963 年;b 为系列的结束年份,本次为 2014 年;i 为系列中的年份,本章计算中 i={1963,1964,…,2014};j 为汛期中的某天,本章计算中 j={4 月 13 日,4 月 14日,…,10 月 31 日}。

由此求得澄碧河水库汛期多年平均日均径流量,绘制散点图如图 3.13 所示。

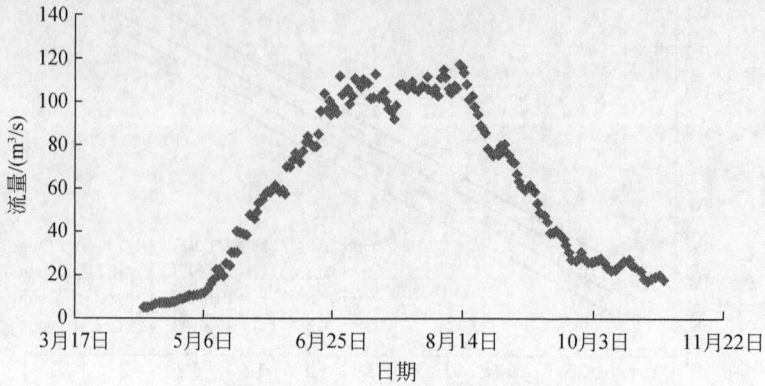

图 3.13　澄碧河水库汛期多年平均日均径流量散点图

根据分形方法的计算,其分期结果如下,见表 3.4,各分期的 $\ln\varepsilon$-$\ln NN(\varepsilon)$ 相关图分别见图 3.14 ~ 图 3.16。

表 3.4　多年平均日均径流时间序列分期结果

分期名	时长/天	切割水平/mm	分期时段	斜率	容量维数	相对误差/%	最大相对误差/%
第一分期	30	10	4 月 13 日—5 月 12 日	0.185	1.815	—	1.34
	40	15	4 月 13 日—5 月 22 日	0.183	1.817	0.11	
	50	24	4 月 13 日—6 月 1 日	0.207	1.793	1.34	
	60	32	4 月 13 日—6 月 11 日	0.184	1.816	1.27	
	65	36	4 月 13 日—6 月 16 日	0.115	1.885	3.66	
	70	40	4 月 13 日—6 月 21 日	0.047	1.953	3.48	
第二分期	30	105	6 月 12 日—7 月 11 日	0.568	1.432	—	3.18
	40	106	6 月 12 日—7 月 21 日	0.581	1.419	0.92	
	50	109	6 月 12 日—7 月 31 日	0.540	1.460	2.81	
	60	110	6 月 12 日—8 月 10 日	0.585	1.415	3.18	
	70	111	6 月 12 日—8 月 20 日	0.557	1.443	1.94	
	80	108	6 月 12 日—8 月 30 日	0.568	1.432	0.77	
	85	107	6 月 12 日—9 月 4 日	0.449	1.551	7.67	
第三分期	30	53	8 月 31 日—9 月 29 日	0.097	1.903	—	1.927
	40	47	8 月 31 日—10 月 9 日	0.096	1.904	0.001	
	50	43	8 月 31 日—10 月 19 日	0.110	1.890	-0.014	
	62	39	8 月 31 日—10 月 31 日	0.132	1.868	-0.022	

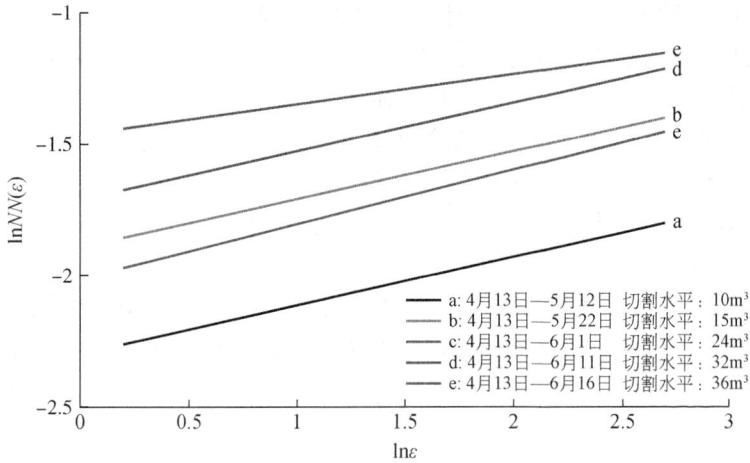

图 3.14　多年平均日均径流量时间序列第一分期 $\ln\varepsilon\text{-}\ln NN(\varepsilon)$ 相关图

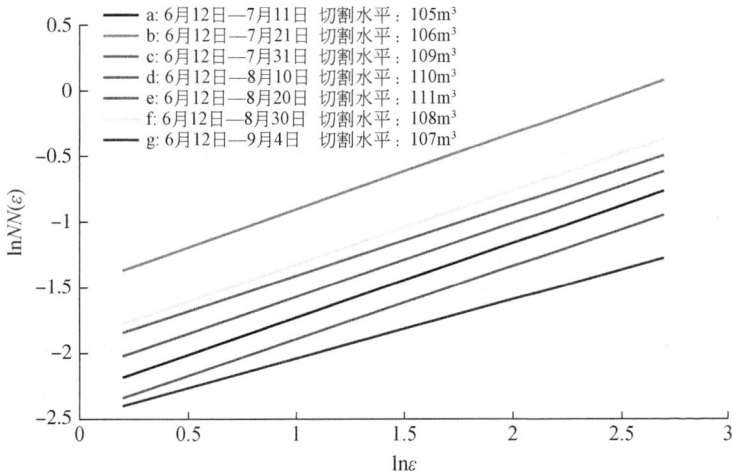

图 3.15　多年平均日均径流量时间序列第二分期 $\ln\varepsilon\text{-}\ln NN(\varepsilon)$ 相关图

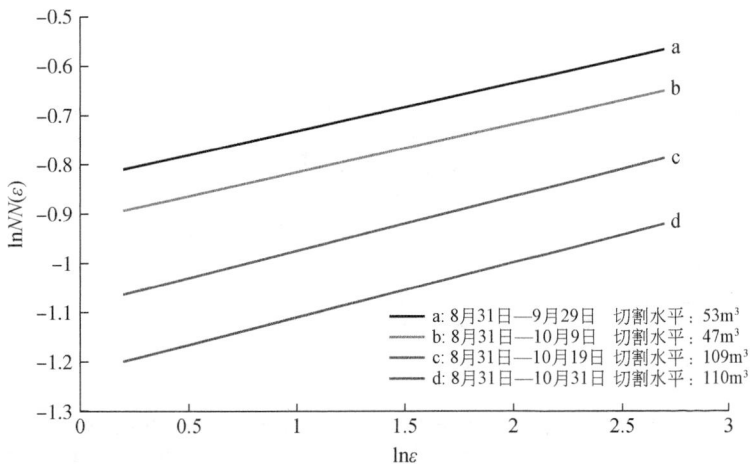

图 3.16　多年平均日均径流量时间序列第三分期 $\ln\varepsilon\text{-}\ln NN(\varepsilon)$ 相关图

从表 3.4 可知,第 1 分期计算过程中,$T=30$ 天、40 天、50 天和 60 天时,容量维数最大偏差值为 0.024,最大偏差值与其中最小容量维数比值仅为 1.34%,远小于 5%,可以认为前面时段的容量维数基本相等,处于同一分期;从图 3.14 可看出,$T=70$ 天时,容量维数值与前面各时段容量维数值发生了突变,最大偏差为 0.16,最大偏差值与最小容量维数值比值为 8.9%,超过 5%,认为与前面时段不在同一分期,缩小步长,进一步计算,当 $T=65$ 天时,最大偏差为 0.092,最大偏差值与最小容量维数值比值为 5.13%,超过 5%,认为与前面时段不在同一分期。由此,可确定汛期第一分期时间段为 4 月 13 日—6 月 11 日。

从表 3.4 和图 3.15 可知,$\ln\varepsilon-\ln NN(\varepsilon)$ 线性斜率 b 在时段 $T=85$ 天时发生突变,前面各时段最大偏差值为 0.045,斜率值基本相等,最大偏差值与其中最小容量维数比值为 3.18%,可视为同一分期。相应地,汛期第二分期时间段为 6 月 12 日—8 月 30 日。

从表 3.4 和图 3.16 可知,8 月 30 日到汛期结束(10 月 31 日),各时段的容量维数值基本相等,最大偏差值为 0.036,与最小容量维数值比值为 1.92%,小于 5%,故可视为同一分期,相应地,第三分期时间段为 8 月 31 日—10 月 31 日。

因此,把汛期分为 3 期,以多年平均日均径流量为时间序列分期计算结果为:前汛期 4 月 13 日—6 月 11 日,主汛期 6 月 12 日—8 月 30 日,后汛期 8 月 31 日—10 月 31 日。

4. 多年日均最大径流量指标

根据广西澄碧河水库 52 年长系列逐日日均径流量,由式(3.13)可推求出汛期每日日均最大径流量。

$$q_j = \sum_{j=a}^{b} \max\left[q_{j1963}, q_{j1964}, \cdots, q_{j2011}\right] \tag{3.13}$$

式中,q_j 为汛期某天在系列中的日均最大径流量,m³/s;a 为系列的起始年份,本章计算中为 1963;b 为系列的结束年份,本章计算中为 2014;j 为系列的某天,取 $j=\{4$ 月 13 日,4 月 14 日,$\cdots$,10 月 31 日$\}$。

由此求得澄碧河水库汛期多年日均最大径流量,绘制散点如图 3.17 所示。

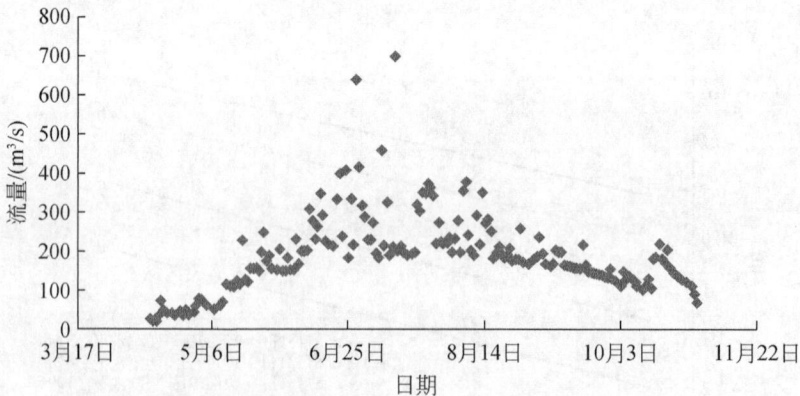

图 3.17　广西澄碧河水库汛期多年日均最大径流量散点图

　　根据分形方法的计算,其分期结果见表 3.5,各分期的 $\ln\varepsilon-\ln NN(\varepsilon)$ 相关图分别见图 3.18 ~ 图 3.21。

表 3.5　多年日均最大径流量时间序列分形理论分期结果

分期名	时长/天	切割水平/mm	分期时段	斜率	容量维数	相对误差/%	最大相对误差/%
第一分期	30	60	4 月 13 日—5 月 12 日	0.434	1.566	—	0.12
	35	73	4 月 13 日—5 月 17 日	0.432	1.568	0.12	
	40	84	4 月 13 日—5 月 22 日	0.267	1.733	10.52	10.66
第二分期	30	216	5 月 18 日—6 月 16 日	0.573	1.427	—	—
	35	258	5 月 18 日—6 月 21 日	0.492	1.508	5.6	9.6
	40	238	4 月 13 日—6 月 26 日	0.435	1.565	9.6	
第三分期	30	318	6 月 17 日—7 月 16 日	0.523	1.477	—	2.5
	40	321	6 月 17 日—7 月 26 日	0.528	1.472	0.34	
	50	307	6 月 17 日—8 月 5 日	0.506	1.494	1.49	
	60	307	6 月 17 日—8 月 15 日	0.502	1.498	0.27	
	70	294	6 月 17 日—8 月 25 日	0.537	1.463	2.34	
	80	284	6 月 17 日—9 月 4 日	0.504	1.496	2.26	
	85	280	6 月 17 日—9 月 9 日	0.490	1.510	0.9	
	90	275	6 月 17 日—9 月 14 日	0.419	1.581	4.7	7.4
第四分期	30	164	9 月 10 日—10 月 9 日	0.385	1.615	—	2.03
	40	164	9 月 10 日—10 月 19 日	0.423	1.577	2.03	
	52	159	9 月 10 日—10 月 31 日	0.417	1.583	0.38	

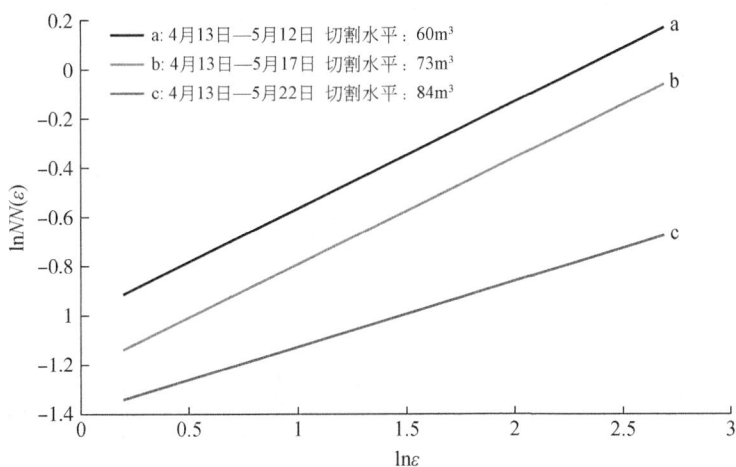

图 3.18　多年日均最大径流量时间序列第一分期 $\ln\varepsilon-\ln NN(\varepsilon)$ 相关图

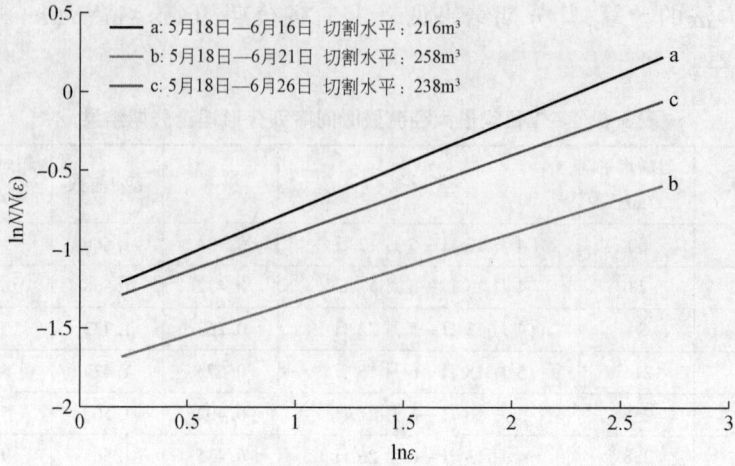

图 3.19　多年日均最大径流量时间序列第二分期 $\ln\varepsilon\text{-}\ln NN(\varepsilon)$ 相关图

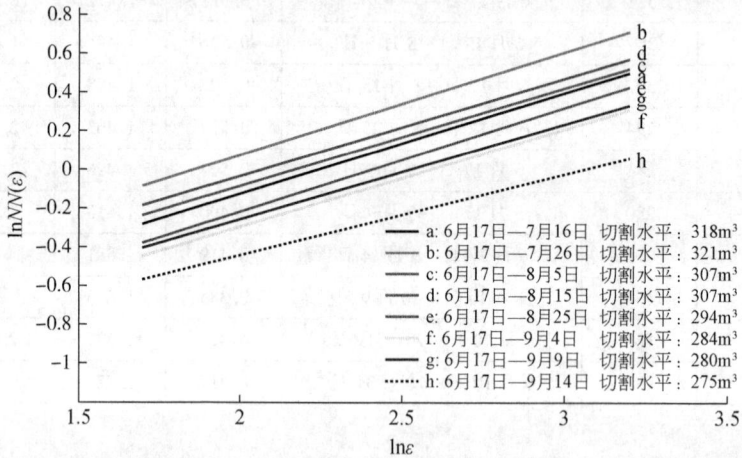

图 3.20　多年日均最大径流量时间序列第三分期 $\ln\varepsilon\text{-}\ln NN(\varepsilon)$ 相关图

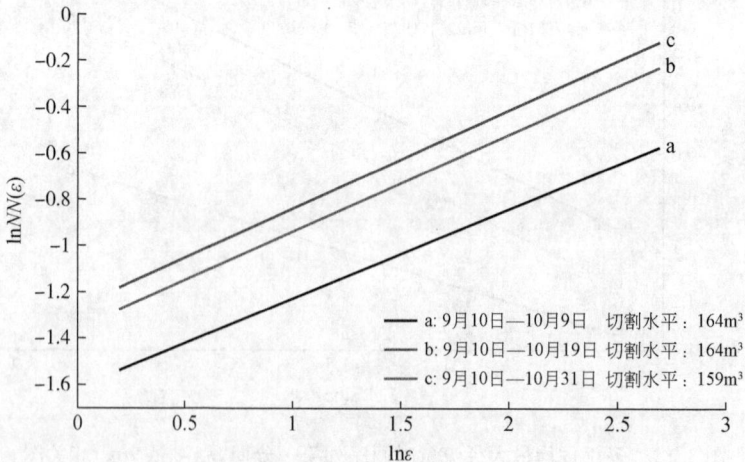

图 3.21　多年日均最大径流量时间序列第四分期 $\ln\varepsilon\text{-}\ln NN(\varepsilon)$ 相关图

从表 3.5 和图 3.18 可知,当 $T=30$ 天和 $T=40$ 天时对应的容量维数有突变,两者的偏差值为 0.167,偏差值占较小的容量维数的 10.66%,超过了 5%。因此,时间长度为 $T=40$ 天时间序列不能归为一类,缩短时间长度为 $T=35$ 天,它与 $T=30$ 天的容量位数偏差为 0.002,偏差占最小值的 0.12%,远小于 5% 的界线,故长度为 40 时间序列可认为是一类。相应地,第一分期的时间段为 4 月 13 日—5 月 17 日。

从表 3.5 和图 3.19 可知,时间序列长度不论是 $T=30$ 天和 $T=40$ 天,还是和缩短了的时间序列长度 $T=35$ 天,其偏差值占 $T=30$ 天的容量维数都超过了 5%,可认为,跟其维数发生了突变,不能归为同一期。因此,第二分期的时间段为 5 月 18 日~6 月 16 日。

从表 3.5 和图 3.20 可知,$T=30$ 天、40 天、50 天、60 天、70 天、80 天时,容量维数的变化值都很小,最大偏差值为 0.047,其占最小容量维数的 3.2%,小于 5% 的界线,故认为时间长度 $T=80$ 天的时间序列为一类。当 $T=90$ 天时,其容量位数与 $T=80$ 天的容量位数偏差为 0.085,占后者容量维数的 5.68%,故不可归为一类。缩小时间长度为 $T=85$ 天,其容量维数与 $T=80$ 天的容量位数偏差为 0.014,偏差值占较小容量维数的 0.9%,小于 5% 的界线,可归为一类。因此,第三分期的时间段为 6 月 17 日—9 月 9 日。

从表 3.5 和图 3.21 可知,当 $T=30$ 天、40 天、52 天,其对应的容量维数之间变化都不大,最大偏差值为 0.032,占最小容量维数的 2.02%,可以认为容量之间没有突变。因此,第四分期的时间段为 9 月 10 日—10 月 31 日。

综上所述,用多年日均最大径流量序列进行分期,可分为四期,但是考虑到相关规范建议汛期分期宜为二到三期,因此修正为三期,结合分期的时间段长短和多年日均最大径流量散点图,将第一、二期合并为一期作为前汛期。则前汛期、主汛期、后汛期的时间段分别为 4 月 13 日—6 月 16 日、6 月 17 日—9 月 9 日、9 月 10 日—10 月 31 日。

5. 分期结果的最终划定

对以上计算结果进行汇总,可得澄碧河水库汛期分期结果见表 3.6。

表 3.6　澄碧河水库汛期分期结果

指标因子	前汛期	主汛期	后汛期
多年平均日降雨量	4 月 13 日—6 月 6 日	6 月 7 日—8 月 25 日	8 月 26 日—10 月 31 日
多年最大日降雨量	4 月 13 日—6 月 6 日	6 月 7 日—8 月 30 日	8 月 31 日—10 月 31 日
多年平均日径流量	4 月 13 日—6 月 11 日	6 月 12 日—8 月 30 日	8 月 31 日—10 月 31 日
多年最大日径流量	4 月 13 日—6 月 16 日	6 月 17 日—9 月 9 日	9 月 10 日—10 月 31 日

从表 3.6 可以看出,用日均降雨量对汛期分期,多年平均序列与多年最大序列相差 5 天左右;用日均径流量对汛期分期,多年平均序列和多年最大序列结果最大偏差 10 天左右。日均降雨量时间序列和日均径流量时间序列的计算结果相差 5~10 天。分析其原因,可能是降雨到径流量的形成要经历一定的产汇流时间。综合考虑,并以尽量延长主汛期为原则,将分期的结果修正如下:前汛期 4 月 13 日—6 月 6 日,主汛期 6 月 7 日—9 月 9 日,后汛期 9 月 10 日—10 月 31 日。

3.3 小 结

本章详细介绍了分形方法的理论基础,指出了汛期分期过程中一些水文现象所具有的分形特性,阐述了分形方法用于汛期分期的具体步骤。以广西澄碧河水库为工程实例,根据多年平均日降雨量、多年日均最大降雨量、多年平均日均径流量和多年日均最大径流量4项指标,应用分形方法对水库汛期进行划分。综合对比4种指标的汛期分期结果,最终确定为:前汛期4月13日—6月6日;主汛期6月7日—9月9日;后汛期9月10日—10月31日。

第4章 水库汛期分期的集对方法及应用

水库汛期具有过程性、随机性、模糊性、灰色性等属性,汛期分期实质上是对前述各种属性的识别与分析。集对方法是一种综合的不确定性分析方法,已经在水库汛期中得到应用。本章将在详细介绍集对方法基本理论的基础上,以澄碧河水库为例,开展该方法在水库汛期分期的具体应用。

4.1 集对方法的产生

1989 年,赵克勤在内蒙古包头召开的全国系统理论和区域规划会议上提出了一种新的分析方法——集对分析法(赵克勤,2000)。集对分析法是一种认为在一个系统中确定性和不确定性相互关系、影响、制约,可以在一定的条件下相互转化,并用联系度来描述系统的各种不确定性,从而把对不确定性的辩证认识转化成定量分析的数学工具。集对分析的核心概念是集对和联系度。

集对分析的特点是对客观存在的种种不确定性给予客观承认,并把不确定性与确定性作为一个既确定又不确定的同异反系统进行辨证分析和数学处理。它是从事物的联系与转化的同一度(同)、差异度(异)和对立度(反)3 个方面来描述事物。集对就是具有一定联系的两个集合组成的集体,在具体的分析中,两个集合的确定性联系分为"同一性联系"和"对立性联系",对两个集合的不确定联系称为"差异性联系"(魏超,2015)。

同一性联系,指两个集合所具有的某些相同的特性,用几何图形表示为两个集合的公共区域,如图 4.1 所示。

对立性联系,指两个集合所具有的某些相反的特性,用几何图形表示为两个集合所独有的区域,如图 4.2 所示。

差异性联系,指两个集合可能存在一定的联系,但该联系性既不属于同一性联系,也不属于对立性联系,如图 4.3 所示。

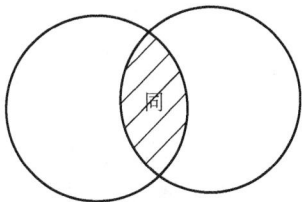

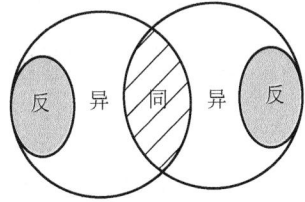

图 4.1　两个集合的同一性联系　　图 4.2　两个集合的对立性联系　　图 4.3　两个集合的差异性联系

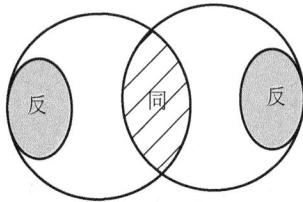

4.2　集对分析的原理

4.2.1　联系原理

集对分析法是基于哲学事物普遍联系和对立统一规律的观点建立的(王文圣,2010)。普遍联系通常是指事物或现象之间以及事物内部要素之间相互联结、相互依赖、相互影响、相互作用、相互转化等相互关系。对立统一规律则揭示了事物内部和事物之间对立双方的同一性和斗争性是事物联系的根本内容。

联系的普遍性具有 3 个层次的含义:第一,任何事物内部的各个部分、要素是相互联系的,这种联系使事物成为有机整体;第二,任何事物都与周围其他事物相互联系着,这种联系是该事物存在和发展的条件;第三,整个世界是一个相互联系的统一整体,没有任何一个事物是孤立存在的。

对立统一规律揭示了事物普遍联系的根本内容,认为世界的普遍联系,归根结底取决于矛盾双方的既对立又统一。对立统一规律包含以下基本内容:

(1)对立面的同一和斗争。同一和斗争是矛盾双方所固有的两种属性,同一性表现为对立面之间具有相互依存、相互渗透、相互贯通的性质;斗争性表现为对立面之间具有相互排斥、相互否定的性质。

(2)矛盾的同一性和斗争性是相互联结的。同一是对立面双方的同一,它是以对立面之间的差别和对立为前提的,矛盾的斗争性寓于矛盾的同一性之中;斗争是统一体内部的斗争,在对立面的相互斗争中存在着双方的相互依存、相互渗透,斗争的结果导致双方的相互转化、相互过渡。

(3)矛盾的同一性是相对的,矛盾的斗争性是绝对的。矛盾的同一性是指它的条件性,任何矛盾统一体的存在都是有条件的;矛盾的斗争性的绝对性是指它的普遍性,无条件性。矛盾的斗争性不仅存在于每个具体矛盾运动的始终,而且也存在于新旧矛盾交替的过程中。

(4)矛盾双方既统一又斗争推动事物发展。矛盾的同一性是矛盾存在和发展的前提,矛盾双方互相渗透,贯通为矛盾的解决准备了条件;矛盾的斗争性导致矛盾双方力量对比和相互关系不断变化,以致最终造成矛盾统一体的破裂,致使旧事物被新事物所取代。

4.2.2　不确定原理

英国数学家和哲学家罗素于 1903 年发现了理发师悖论(也称为罗素悖论)(程极泰,1985):村上有一个理发师,贴出服务公告,宣称他为所有不为自己理发的人理发,根据集合论,这些人能组成一个集合 A。但由此引出一个问题,理发师自己的头该由谁理发? 这说明了由德国数学家康托格奥尔格·康托尔(Cantor, Georg Ferdinand Ludwig Philipp, 1845. 3. 3—1918. 1. 6)提出的,已被作为现代数学基础的集合论存在着矛盾。这个矛盾震动了当时的数学界,正如著名的法国数学家亨利·庞加莱(Jules Henri Poincaré)所坦言,"我们围住了一群羊,然而在羊群中也可能围进了狼"。

100多年以来,数学家们围绕集合论中的悖论进行了长时期的深入研究和激烈讨论,有关罗素悖论的争论和研究至今仍在继续,研究的核心是如何把围进去的狼从羊群中赶出去。有意思的是,从生态学角度看,狼羊共存是客观事实;从哲学角度看,对立统一是客观世界的一条基本规律。罗素悖论事实告诉人们:对于给定的客观对象 O 的全体所组成的集合 X,必存在着这样的个体(元素)i,它既属于 X,又不属 X,由于这一事实符合对立统一规律,又源自对罗素悖论的思考,这里称其为基于罗素悖论的不确定原理。

历史上,德国物理学家海森堡于1927年提出"测不准原理"(沈华嵩,1981;萧如珀、杨信男,2010)。该原理表明,一个微观粒子的某些物理量(如位置和动量,或方位角与动量矩,还有时间和能量等),不可能同时具有确定的数值,其中一个量越确定,另一个量的不确定程度就越大。测量一对共轭量的误差的乘积必然大于常数 $h/(2\pi)$(h 是普朗克常数)。"测不准原理"反映了微观粒子运动的基本规律,是量子力学的一个基本原理,也是现代物理学的一个重要原理。通常,人们也把海森堡的"测不准原理"称为"不确定原理"。

事实上,"罗素悖论"和"测不准原理"是相通的,"测不准原理"是针对微观层次上的粒子而言。但从广义上看,"个体"相对于"全体",恰好处于微观层次,从这个意义上说,前面基于罗素悖论的"不确定原理"有其物理意义,这个物理意义就是海森堡的"测不准原理"。这也就意味着当把一事物在宏观层次上的表现与微观层次上的表现相联系作全局性考虑时,不可避免地存在不确定性。因此,前面说的基于罗素悖论的不确定原理也可以称为是"系统不确定原理"或"全局不确定原理"。

4.2.3　成对原理

成对原理是指"事物或概念都是成对地存在"。例如,东西、南北、上下、宏微、作用力与反作用力、化合与分解、确定性与不确定性等,无一例外地是成对地存在(赵克勤,1998)。正是由于成对原理的制约,以至于在一般意义上泛指某一事物时,同时有意无意地拿与该事物成对的另一事物作参考。又如,人们在说某数是正数时,同时在有意无意拿负数作参考,在指某一事物具有不确定性时,其实在同时拿该事物与之成对的它事物之确定性作参考,如此等等,不一而足。从哲学的观点看,成对原理无非是关于"对立统一法则"、"事物相互联系原理"的一种新的表述;从数学的角度看,成对原理的阐明意味着作为数学理论基础的集合论扩充为以研究两个集合确定与不确定联系及其可变与转化为主要内容的集对论成为必要。

4.2.4　集对论

集对就是由两个集合所组成的一个基本的单位,之所以提出这样的一个基本单位的原因有:一是源于集对论中悖论的思考;二是受物理学"测不准原理"的启发;三是哲学上关于"客观事物处于普遍联系之中,对立统一是客观世界的普遍规律"的思想启发。此外,在实际研究中发现:对于一个具体的客观对象 O,不仅存在着关于该对象的确定的集合 A,还存在着关于关于该对象的不确定的集合 B，而且不确定集合 B 总是与确定的集合 A 联系在一起，也只有把两个集合联系起来同时描述这个给定的客观对象 O 时，才得到关于 O 的一个全面的客观描述。反之，若要描述一个给定对象 O 的一个确定集 A（或不确定集 B）总是与关于该对象的一个不确定集 B 联系在一起。所以，为了客观地反映所要研究的事物，这两个集合必须一个是确定的集合，另一个是不确定的集合。特殊情况下，也可以两个都是不确定集，或两个都是确定集。由于这样的两个集合相辅相成地描述同一个客观对象，自然应该把它们放在同一个研究单位中以体现出这两个集合在本来意义上的相互联系，这个单位被称为"集对"，这就是集对论（赵克勤，2008）。

对不确定系统中有关联的集合构造集对，对集对的某特性做同一性、差异性和对立性分析，建立集对的同、异、反联系度的分析方法称为集对分析。可见，集对分析的基础是集对，核心是联系度的构建和计算。

4.2.4.1　联系度的定义

基于上述原理提出的集对分析方法，其核心思想是先对不确定性系统中的有关联的两个集合构造集对，再对集合某特定属性做同一性、差异性、对立性分析，然后用联系度描述集对的同、异、反关系。设有联系的集合 X 和 Y。X 有 n 项表征其特征，即 $X=(X_1,X_2,\cdots,X_n)$，Y 亦有 n 项表征其特征，即 $Y=(Y_1,Y_2,\cdots,Y_n)$。X 和 Y 构成集对 $H(X,Y)$。描述 $H(X,Y)$ 间关系的联系度定义为（王文圣，2010）

$$\mu_{X-Y}=\frac{S}{n}+\frac{F}{n}I+\frac{P}{n}J \tag{4.1}$$

式中，n 为集对所具有的特性总数，$n=S+F+P$；S 为集对中两个集合共同具有的特性数；F 为两个集合既不相同也不对立的特性数；P 为两个集合相互对立的特性数；S/n 为两个集合在具体问题下的同一度；F/n 为两个集合在具体问题下的差异度；P/n 为两个集合在具体问题下的对立度；I 为差异不确定系数，取值视情况而定，取值范围为 $(-1,1)$；J 为对立系数，且恒为 -1。

为了简便，记 $a=\dfrac{S}{n}$，$b=\dfrac{F}{n}$，$c=\dfrac{P}{n}$，则式（4.1）可以写为

$$\mu_{X-Y}=a+bI+cJ \tag{4.2}$$

式中，a,b,c 为联系度分量，分别称为集对 $H(X,Y)$ 的同一度、差异度和对立度，且满足归一化条件 $a+b+c=1$。a 表示集合 X 与 Y 就某种属性而言具有相同性质的程度，当 a 越接近 1 时，表明两个集合的关系越倾向于同一；b 表示集合 X 与 Y 就某种属性而言具有既不相同也不相反（即差异性）的程度，当 b 越接近 1 时，表明两个集合的关系越倾向于差异，这种差异性就是同、反之间的过渡；c 表示集合 X 与 Y 就某种属性而言具有相互对立的程度，当 c 越接近 1 时，表明两个集合的关系越倾向于对立。

式（4.1）、式（4.2）为 3 元联系度，将式（4.2）中的 bI 进一步拓展为 $bI=b_1I_1+b_2I_2+\cdots$，可以得到多元（K 元）联系度为

$$\mu_{X-Y}=a+b_1I_1+b_2I_2+\cdots+b_{K-2}I_{K-2}+cJ \tag{4.3}$$

式中，$b_1,b_2,\cdots,b_{K-2}$ 为差异度分量，即差异度有不同级别或层次，如轻度差异，较轻度差异，

…,重度差异,满足 $a+b_1+b_2+\cdots+b_{K-2}+c=1$;$I_1,I_2,\cdots,I_{k-2}$ 称为差异不确定分量系数。

当 I 或 $I_1,I_2,\cdots,I_{k-2}$ 和 J 取合理值时,式(4.1)~式(4.2)变为一个数值,称为联系数,联系数的取值在 $(-1,1)$,为一个综合的定量指标,其形式含义与相关系数、隶属度和灰关联度类似。

4.2.4.2　联系度的确定

1. 确定方法

设有集对 $H(X,Y)$,且 X 有 n 项表征其特征,即 $X=(X_1,X_2,\cdots,X_n)$,Y 亦有 n 项表征其特征,即 $Y=(Y_1,Y_2,\cdots,Y_n)$。其中,X_i 和 Y_i 可以是具体的数值,也可以是特定的符号,而联系度的确定关键在于同一度、差异度和对立度的计算,具体步骤如下。

步骤1　根据分类标准将 X 和 Y 的变化特征将其元素分为 K 级,结合有关知识和相关规则,制定 K 级分类标准;

步骤2　根据分类标准将 X 与 Y 中各元素进行符号量化处理,对于落入 1 级标准范围内的,记为符号"1",对于落入 2 级标准范围内的,记为符号"2";以此类推,对于落入 K 级标准范围内的,记为符号"K"。则 X 与 Y 变为由符号组成的新集合,如 $X=(1,2,K,\cdots,2,K-1)$、$Y=(2,2,K-1,\cdots,2)$。

步骤3　定义同、异、反概念,原则是:符号相同的,定义为同;符号相差一级的,定义为差异 1(或轻度差异);符号相差 2 级的,定义为差异 2(或较轻度差异);符号相差 $K-2$ 级(或重度差异);符号相差 $K-1$ 级的,定义为反;

步骤4　按照步骤 3 定义的同、异、反概念,统计集合 X 与 Y 中同的个数 S,差异 1 的个数 F_1,差异 2 的个数 F_2,差异 $K-2$ 的个数 F_{K-2},反的个数 P。根据式 4.3 得集 $H(X,Y)$ 的 K 元联系度

$$\mu_{X-Y}=a+b_1I_1+b_2I_2+\cdots+b_{K-2}I_{K-2}+cJ$$
$$=\frac{S}{n}+\frac{F_1}{n}I_1+\frac{F_2}{n}I_2+\cdots+\frac{F_{K-2}}{n}I_{K-2}+\frac{P}{n}J \tag{4.4}$$

式中,$a=S/n,b_1=F_1/n,b_2=F_2/n,\cdots,b_{K-2}=F_{K-2}/n,c=P/n$。

上述计算中,其关键在于步骤 1,即 K 级分类标准范围的确定。对于已有的标准可以直接采用,如 5 级水质标准、区域水环境承载力标准。对于没有标准的,可根据研究对象的变化特性选择合适的分类方法制定分类标准,以下是常用的简洁可行的分类方法。

1)均值标准差法

均值标准差法是一种常见的分类方法,如分成 3 级,分别对应区间为 $[0,\bar{x}+k_1s)$、$[\bar{x}+k_1s,\bar{x}+k_2s)$、$[\bar{x}+k_2s,\infty)$,其中,$\bar{x}$、$s$ 分别为集合 X 或 Y 中各元素的均值和均方差,k_1、k_2 为经验系数(如取 $k_1=-1,k_2=-0.5,k_3=0.5,k_4=1$)。

合理选择经验系数是均值标准差法的关键。当假定研究集合服从正态分布时,经验系数 $k_i(i=1,2,\cdots,K-1)$ 可根据下式确定

$$p_i=\int_{k_{i-1}}^{k_i}\mathrm{e}^{-\frac{z^2}{2}}\mathrm{d}z \tag{4.5}$$

式中,p_i 为第 $i(i=1,2,\cdots,K)$ 级出现的概率,可根据经验或者研究对象变化特性确定,如径

流出现的丰的概率为 30%、出现枯的概率为 30%、出现中的概率为 40%；k_i 同前，$k_0 = -\infty$、$k_K = +\infty$。如分成 3 级且假定 $p_1 = p_2 = p_3 = 0.333$，则 $k_1 = -0.44$，$k_2 = 0.44$。

当然，也可以假定研究集合服从其他分布（如 P-Ⅲ），可类似得到经验系数 k_i（i 同上），只是将式 4.5 中的 $e^{-z^2/2}$ 变为相应概率密度函数即可。

2）距平百分率（p）法

距平百分率（p）定义为

$$p = \frac{x_p - \bar{x}}{\bar{x}} \times 100\% \tag{4.6}$$

式中，$\bar{x}$ 为集合 X 或 Y 中各元素的均值；x_p 为分类标准值，也称为门限值。

根据分类标准数 K 的不同取值不同的距平百分率（p）。p 值确定后，由 4.6 即可确定分类区间。

如分成 3 类（小、中、大），分别对应区间为 $p < -15\%$、$-15\% < p < 15\%$、$p \geq 15\%$，即通过式（4.6）变换后得到对应区间为 $x_p < 85\%\bar{x}$、$85\%\bar{x} \leq x_p < 115\%\bar{x}$、$x_p \geq 115\%\bar{x}$；如分成 5 类（特小、小、中、大），分别对应区间为 $p < -20\%$、$-20\% \leq p < -10\%$、$-10\% \leq p < 10\%$、$10\% < p < 20\%$、$p \geq 20\%$，即通过式（4.6）的变换后得对应区间为 $x < 80\%\bar{x}$、$80\%\bar{x} \leq x_p < 90\%\bar{x}$、$90\%\bar{x} \leq x_p < 110\%\bar{x}$、$110\%\bar{x} \leq x_p < 120\%\bar{x}$、$x_p \geq 120\%\bar{x}$。所以，$p$ 值比较容易确定的情况下，可以考虑采用距平百分法。

3）均值离差法

计算集合 X 或 Y 中各元素的均值 $\bar{x}$ 和离差 d。

$$d = \frac{1}{n} \sum_{i=1}^{n} |x_i - \bar{x}| \tag{4.7}$$

均值离差法类似于均值标准差法。例如分成 3 级，分别对应区间为 $[0, \bar{x}+k_1 d]$、$[\bar{x}+k_1 d, \bar{x}+k_2 d]$、$[\bar{x}+k_2 d, +\infty]$，$k_1$、$k_2$ 为经验系数（取 $k_1 = -0.5$，$k_2 = 0.5$）；如分成 5 级，分别对应区间为 $[0, \bar{x}+k_1 d]$、$[\bar{x}+k_1 d, \bar{x}+k_2 d]$、$[\bar{x}+k_2 d, \bar{x}+k_3 d]$、$[\bar{x}+k_3 d, \bar{x}+k_4 d]$、$[\bar{x}+k_4 d, +\infty]$，$k_1$、$k_2$、$k_3$、$k_4$ 为经验系数（取 $k_1 = -1.0$，$k_2 = -0.5$，$k_3 = 0.5$，$k_4 = 1$）。本法经验系数取值可结合具体情况确定。

4）均匀划分法

均匀划分法适用于集合 X 或 Y 中元素值为归一到 $[0,1]$ 区间的情况。根据分类标准数 K 将 $[0,1]$ 区间均匀分成 K 等分。例如，在自然灾害风险评价中（$K=5$）等级划分为：设 R 为风险度指标，$0 \leq R < 0.2$，极低风险；$0.2 \leq R < 0.4$，低风险；$0.4 \leq R < 0.6$，中等风险；$0.6 \leq R < 0.8$，高风险；$0.8 \leq R \leq 1$，极高风险。

2. 差异不确定系数的确定

由于差异不确定系数 I 的取值不确定，因此确定 a、b、c 之后，联系度仍因差异度系数的不确定取值而呈现既确定又不确定的特征，因此差异度系数 I 的取值成为集对分析的核心内容。下面介绍差异度系数确定的常用方法（范秋映．2009）。

1）经验取值法

经验取值法又称特殊取值法，就是根据研究对象的变化特性对不确定系数 I 或 I_1，$I_2, \cdots, I_{K-2}$ 进行取值。不确定系数的取值范围是 $[-1, 1]$，经验取值包括 -1、-0.75、-0.5、

−0.25、0、0.25、0.5、0.75、1,如取 1,表示把差异部分全部归入同,取 0 表示不考虑差异部分,取−1 表示把差异部分全部归入反。所以经验取值法的取值必须与实际研究对象的变化特性和研究者意图、已有经验紧密结合,取值尽量科学合理。

2) 均匀取值法

均匀取值法是将差异度细分项 $b_1,b_2,\cdots,b_{K-2}$ 是均匀划分的。令式(4.3)中的同一度 a 的系数为 I_0(恒等于 1),而对立度 c 的系数为 J(恒等于−1),则差异不确定分量系数 I_1,$I_2,\cdots,I_{K-2}$ 将 I_0 和 J 之间(即 1～−1)进行 $K-1$ 等分,等分点的值 $I_1,I_2,\cdots,I_{K-2}$ 的值,即

$$I_k = 1 - \frac{2k}{K-1}, k=1,2,\cdots,K-2 \tag{4.8}$$

这就是均匀取值法。

3) 统计试验法

联系度 μ_{A-B} 表明集对 $H(X,Y)$ 的不确定性关系程度,因此 I 的取值是否合理判别的准则是,计算出的联系数 μ'_{X-Y} 能恰当地反映集对 $H(X,Y)$ 之间的真实关系。如果 $A\sim B$ 的关系隶属于"好",那么 I 可取的值应使 μ'_{X-Y} 隶属于"大";反之,如果 $A\sim B$ 的关系隶属于"坏",那么 I 可取的值应使 μ'_{X-Y} 隶属于"小"。而通过统计试验可以得到合理的 I 值。首先假定 $X-Y$ 总体关系(如正态分布),从假定总体中随机抽取样本容量相当大的序列 A 和序列 B。将这两组序列构建为集对,进行集对分析,可求得式(4.2)中的 a、b、c,然后将已知的两组序列的相关系数 r 代替联系数,代入式(4.2)反求 I。

统计试验法确定 I 取值的步骤是:

步骤 1　由模拟序列 $(a_1,a_2,\cdots,a_n)$、$(b_1,b_2,\cdots,b_n)$ 分别构建集合 X 和集合 Y,这样集合 X 和集合 Y 组成一个集对 $H(X,Y)$,然后根据距平百分率(p)法对集合 X 与集合 Y 进行分类($K=3$);

步骤 2　统计同、异、反个数并计算联系度;

步骤 3　令 $\mu'_{X-Y}=r$,根据下式反求 I 值

$$I = \frac{r-a-c}{b} \tag{4.9}$$

4) 顺势取值法

I 在顺着集对势取值时,一般同时取值 a、b、c 取值结果是把 b 分成"ab"、"bb"、"bc"3 个部分,其中"ab"可以并入"a","bc"可以并入"c","bb"仍保留在 b 内,这一过程相当于对 b 作了"一分为三"的分解。I 顺势取值后不改变原有的势级状态,因为这时把 b 按原有 a、b、c 的比例关系作分解,再按此比例分给 a、b 及 c。

5) 逆势取值法

I 的逆势取值要根据不同的情况求解关于 I 的一元一次不等式。当集对 H 具有同势时,有 $a>c$,要使 $c'>a$,可以把 bi 加到 c 上,并求解关于 I 的一元一次不等式:$c+bI>a$;当集对 H 具有反势时,有 $c>a$,为使 $a'>c$,可把 bI 加到 a 上去,并求解关于 I 的一元一次不等式:$a+bI>c$。

6) 计算取值法

确定不确定系统是一个动态系统,不仅在某一个时刻具有不确定性(由 I 来承载),且在不同时刻其确定不确定程度也不一样(由 a、b、c 的变化来刻画)。当系统地确定不确定程度

主要由 I 变化引起时,可根据 μ 的变化求 I 的值,这就是 I 的计算取值法。

7)随机取值法

当集对 H 是均势时,I 可以在定义区间 $[-1,1]$ 中自由取值,具体地可把 $[-1,1]$ 均匀的分成若干个小区间,依次把小区间编上号,利用随机数表、随机读数或随机抽样有打上区间号的签来决定 I 的取值。

8)特殊取值法

I 的特殊取值包括 I 的极限值如 $-1,1$,中间值 $0,0.5,-0.5$。要说明的是 $I=0$ 一般应理解成 b 原封不动地保留在 μ 中,不做零处理。一般情况下,当 u 中 $b=0$ 时可以不予写出。总之,当 $b=0$ 时可以理解成不确定性在零附近。

I 的特殊取值还包括 I 自身的 $n(n\geq2)$ 次幂。无论 n 取何值均表示不确定。

4.3　工程应用实践

本节采用澄碧河流域降雨和流量资料进行集对分析的汛期分期研究,其中降雨资料为流域 8 个雨量站以及平塘站和坝首站两个水文站 1963～2014 年共 52 年的逐日降雨量,流量资料为平塘站 1963～2014 年 52 年实测逐日流量资料。同时,为避免气候突变的影响,研究中将资料系列分为突变年 1990 年前后两个阶段(钟欢欢,2016)。

1. 分期步骤

基于集对分析法的水库汛期分期的步骤为:

(1)合理构建能够综合反映汛期变化分期的指标体系 $(x_1,x_2,\cdots,x_m)$ (m 为指标数目),构建汛期不同时段的指标体系 $A_i=(x_{i,1},x_{i,2},\cdots,x_{i,m})$,其中 i 为时段序号 $(i=1,2,\cdots,N;N$ 为时段数)。

(2)汛期分期可理解为当流域水文气象指标值 x_j 超过分类界线 s_j 的时期为主汛期,低于 s_k 为非主汛期,介于两者之间为过渡期,即 $x_j<s_k$ 为非主汛期(前后汛期),记为符号"1";$x_j\geq s_j$ 为主汛期,记为符号"3";介于两者之间为过渡期,记为符号"2",则前后汛期可构建集合 $B_1=(1,1,\cdots,1)$,过渡期可构建的集合 $B_2=(2,2,\cdots,2)$,主汛期可构建的集合 $B_3=(3,3,\cdots,3)$。

(3)根据步骤(2)中所计算出来的分期标准将集合 A_i 中的元素进行符号量化处理。

(4)构建集对 $H=(A_i,B_d)(i=1,2,\cdots,N;d=1,2,3)$ 计算 $H(A_i,B_d)$。统计符号相同的个数,符号相差为 1 的个数,符号相差为 2 的个数,分别对应为 S,F,P 的值。

$$\mu_{A_i-B_d}=a+bI+cJ=\frac{S}{m}+\frac{F}{m}I+\frac{P}{m}J \tag{4.10}$$

(5)对 I 取值,求出式(4.10)中 $\mu_{A_i-B_d}$ 的值,若 $\mu_{A_i-B_1}$ 越大,结果最可能划为 B_1;若 $\mu_{A_i-B_2}$ 越大,结果最可能划为 B_2;若 $\mu_{A_i-B_3}$ 越大,结果最可能划为 B_3。

2. 分期结果

研究中,将流域汛期以旬为时段划分 4 月上旬至 10 月下旬共 21 个旬。同时,根据降雨和流量资料,选取暴雨日数(x_1)、旬平均雨量(x_2)、旬平均多年入库流量(x_3)、年最大洪峰出现次数(x_4)4 个暴雨洪水指标,以 1963～1990 年为突变年前序列,以 1991～2014 年为突变年后序列,确定各个指标特征值见表 4.1。

表 4.1　突变前后汛期划分指标特征值

集合	时段	暴雨日数/天		旬平均雨量/mm		旬多年平均入库流量/(m³/s)		年最大洪峰出现次数/n	
		突变前	突变后	突变前	突变后	突变前	突变后	突变前	突变后
A1	4 月上旬	0	0	1.53	1.40	4.88	5.53	0	0
A2	4 月中旬	1	3	3.08	3.09	7.28	6.30	0	0
A3	4 月下旬	3	3	2.66	2.74	9.60	7.97	0	0
A4	5 月上旬	7	4	4.23	4.53	12.98	12.15	0	0
A5	5 月中旬	5	9	5.52	6.05	29.56	22.35	1	1
A6	5 月下旬	7	12	7.01	7.57	53.44	48.74	0	0
A7	6 月上旬	4	15	6.59	6.92	62.99	66.03	2	0
A8	6 月中旬	12	21	6.06	5.58	67.26	98.55	4	2
A9	6 月下旬	14	11	9.74	9.62	98.50	103.20	3	3
A10	7 月上旬	10	13	11.51	11.28	107.29	102.51	4	3
A11	7 月中旬	9	15	6.82	6.90	96.64	96.27	2	0
A12	7 月下旬	10	10	7.26	7.58	93.56	119.51	0	2
A13	8 月上旬	8	12	10.43	10.77	104.52	108.62	4	5
A14	8 月中旬	10	10	8.48	8.93	103.60	102.15	3	3
A15	8 月下旬	10	6	5.74	6.26	77.00	80.72	1	2
A16	9 月上旬	6	3	4.92	5.47	69.40	57.50	0	1
A17	9 月中旬	1	4	4.03	4.49	50.88	39.79	2	1
A18	9 月下旬	1	4	3.13	3.19	34.69	27.89	0	0
A19	10 月上旬	2	1	2.88	3.04	28.37	27.49	0	1
A20	10 月中旬	4	4	3.41	3.39	24.72	25.05	2	1
A21	10 月下旬	3	4	2.45	2.24	20.13	19.37	0	0
合计		127	161	117.78	121.03	1157.3	1177.7	28	25

　　对比表 4.1 发现,突变年前暴雨日数、旬平均雨量、旬多年平均入库流量这 3 个指标的特征值都小于突变年后的特征值,可见气候变化对水库汛期分期是有影响的。

　　考虑洪水选样中的跨期选样,取分类标准数 $K=3$,将汛期分期划分为 5 期。前后汛期可构建集合 $B_1=(1,1,1,1)$,过渡期可构建集合 $B_2=(2,2,2,2)$,主汛期构建集合 $B_3=(3,3,3,$

3）。采用均值标准差法确定分类标准,其中经验系数 $k_1 = -0.5$, $k_2 = 0.5$。分类标准计算结果见表 4.2 和表 4.3 所示。

表 4.2　突变年前分类标准

类别	X1	X2	X3	X4
均值	6.05	5.61	55.11	1.33
均方差	4.08	2.77	36.13	1.53
前后汛期	(0,4.01]	(0,4.22]	(0,37.05]	(0,0.57]
过渡期	[4.0,8.09]	[4.22,7.00]	[37.05,73.15]	[0.57,2.10]
主汛期	[8.09,∞)	[7.00,∞)	[73.15,∞)	[2.10,∞)

表 4.3　突变年后分类标准

类别	X1	X2	X3	X4
均值	7.67	5.76	56.08	1.19
均方差	5.68	2.84	40.04	1.40
前后汛期	(0,4.83]	(0,4.35]	(0,36.06]	(0,0.49]
过渡期	[4.83,10.50]	[4.35,7.18]	[36.06,76.10]	[0.49,1.89]
主汛期	[10.50,∞)	[7.18,∞)	[76.10,∞)	[1.89,∞)

根据表 4.2 和表 4.3 中的分期标准将集合 $A_i = (i = 1, 2, \cdots, 21)$ 中的元素进行符号量化处理,结果见表 4.4 和表 4.5 所示。

表 4.4　突变年前集合 A_i 符号量化

集合	时段	X1	X2	X3	X4	集合	时段	X1	X2	X3	X4
A1	4 月上旬	1	1	1	1	A12	7 月下旬	3	3	3	1
A2	4 月中旬	1	1	1	1	A13	8 月上旬	2	3	3	3
A3	4 月下旬	1	1	1	1	A14	8 月中旬	3	3	3	3
A4	5 月上旬	2	2	1	1	A15	8 月下旬	3	2	3	2
A5	5 月中旬	2	2	1	2	A16	9 月上旬	2	2	2	1
A6	5 月下旬	2	3	2	2	A17	9 月中旬	1	1	2	2
A7	6 月上旬	1	2	2	2	A18	9 月下旬	1	1	1	1
A8	6 月中旬	3	2	2	3	A19	10 月上旬	1	1	1	1
A9	6 月下旬	3	3	3	3	A20	10 月中旬	1	1	1	1
A10	7 月上旬	3	3	3	3	A21	10 月下旬	1	1	1	1
A11	7 月中旬	3	2	3	2						

表 4.5　突变年后集合 A_i 符号量化

集合	时段	X1	X2	X3	X4	集合	时段	X1	X2	X3	X4
A1	4 月上旬	1	1	1	1	A12	7 月下旬	2	3	3	3
A2	4 月中旬	1	1	1	1	A13	8 月上旬	3	3	3	3
A3	4 月下旬	1	1	1	1	A14	8 月中旬	3	3	3	3
A4	5 月上旬	1	2	1	1	A15	8 月下旬	2	2	3	3
A5	5 月中旬	2	2	1	2	A16	9 月上旬	1	2	2	2
A6	5 月下旬	3	3	2	1	A17	9 月中旬	1	2	2	2
A7	6 月上旬	3	2	2	1	A18	9 月下旬	1	1	1	1
A8	6 月中旬	3	2	3	3	A19	10 月上旬	1	1	1	2
A9	6 月下旬	2	3	3	3	A20	10 月中旬	1	1	1	2
A10	7 月上旬	3	3	3	3	A21	10 月下旬	1	1	1	1

根据上述结果,构建集对 $H(A_i,B_d)(i=1,2,\cdots,21;d=1,2,3)$,计算集对 $H=(A_i,B_d)$ 的联系度。将 A_i 与标准 B_1,B_2,B_3 对应的符号元素进行对照,统计符号相同的个数,符号相差为 1 的个数,符号相差为 2 的个数,分别对应为 S,F,P 的值,代入下式

$$\begin{cases} \mu_{A_i-B_1}=a+bI+cJ=\dfrac{S}{m}+\dfrac{F}{m}I+\dfrac{P}{m}J \\[2mm] \mu_{A_i-B_2}=a+bI+cJ=\dfrac{S}{m}+\dfrac{F}{m}I+\dfrac{P}{m}J \\[2mm] \mu_{A_i-B_3}=a+bI+cJ=\dfrac{S}{m}+\dfrac{F}{m}I+\dfrac{P}{m}J \end{cases} \quad (4.11)$$

例如,对突变年前 6 月中旬,对应的集合为 A_8,各指标集合 A_8 与各分期标准 $B_d(d=1,2,3)$ 的联系度分量值为

$$\begin{cases} \mu_{A_8-B_1}=\dfrac{1}{4}+\dfrac{1}{4}I+\dfrac{2}{4}J \\[2mm] \mu_{A_8-B_2}=\dfrac{1}{4}+\dfrac{3}{4}I+\dfrac{0}{4}J \\[2mm] \mu_{A_8-B_3}=\dfrac{2}{4}+\dfrac{1}{4}I+\dfrac{1}{4}J \end{cases} \quad (4.12)$$

同理,可以求出其余各时段各指标集合与各分期标准集合 $B_d(d=1,2,3)$ 的联系度分量。

根据均匀取值法推求差异性系数 I_k,将 I_k 代入式(4.12)得联系数 $\mu_{A_8-B_1}=-0.25$,$\mu_{A_8-B_2}=-0.25$,$\mu_{A_8-B_3}=0.5$,结果如表 4.6 和表 4.7 所示。集对分析中出现了 b2 与 b3 或 b1 值相同的情况,按照联系数最大原则是不能确定其具体分期。考虑到水库调度的安全性,当出现 b1 和 b2 值相同的时候,也就是前汛期和过渡期联系度相同,后汛期与过渡期联系度相同,将分期划分为过渡期。当出现 b3 和 b2 值相同的时候,也就是过渡期与主汛期联系度相同的时候,将分期划分为主汛期。根据联系数最大原则和调度安全原则判断 $A_i(i=1,2,\cdots,21)$ 的所属标准以及水库调度的安全性,确实汛期分期的结果见表 4.6 和表 4.7。

表 4.6　突变年前联系数及分期结果

集合	$\mu_{A_i-B_1}$				$\mu_{A_i-B_2}$				$\mu_{A_i-B_3}$				结果	
	a	b	c	联系数	a	b	c	联系数	a	b	c	联系数	标准	汛期分期
A1	1	0	0	1	0	1	0	0	0	0	1	−1	b1	前汛期
A2	1	0	0	1	0	1	0	0	0	0	1	−1	b1	前汛期
A3	1	0	0	1	0	1	0	0	0	0	1	−1	b1	前汛期
A4	0.5	0.5	0	0.5	0.5	0.5	0	0.5	0	0	1	−1	b2/b1	过渡期
A5	0.25	0.75	0	0.25	0.75	0.25	0	0.75	0	0.75	0.25	−0.25	b2	过渡期
A6	0.25	0.5	0.25	0	0.5	0.5	0	0.5	0.25	0.5	0.25	0	b2	过渡期
A7	0.25	0.75	0	0.25	0.25	0.75	0	0.75	0	0.75	0.25	−0.25	b2	过渡期
A8	0.25	0.25	0.5	−0.25	0.25	0.75	0	0.25	0.5	0.25	0.25	0.5	b3	主汛期
A9	0	0	1	−1	0	1	0	0	1	0	0	1	b3	主汛期
A10	0	0	1	−1	0	1	0	0	1	0	0	1	b3	主汛期
A11	0	0.5	0.5	−0.5	0.5	0.5	0	0.5	0.5	0.5	0	0.5	b3/b2	主汛期
A12	0.25	0	0.75	−0.5	0	1	0	0	0.75	0	0.25	0.5	b3	主汛期
A13	0	0.25	0.75	−0.75	0.25	0.75	0	0.25	0.75	0.25	0	0.75	b3	主汛期
A14	0	0	1	−1	0	1	0	0	1	0	0	1	b3	主汛期
A15	0	0.5	0.5	−0.5	0.5	0.5	0	0.5	0.5	0.5	0	0.5	b2/b3	主汛期
A16	0.25	0.75	0	0.25	0.75	0.25	0	0.75	0	0.75	0.25	−0.25	b2	过渡期
A17	0.5	0.5	0	0.5	0.5	0.5	0	0.5	0	0	1	−1	b2/b1	过渡期
A18	1	0	0	1	0	1	0	0	0	0	1	−1	b1	后汛期
A19	1	0	0	1	0	1	0	0	0	0	1	−1	b1	后汛期
A20	0.75	0.25	0	0.75	0.25	0.75	0	0.25	0	0.25	0.75	−0.75	b1	后汛期
A21	1	0	0	1	0	1	0	0	0	0	1	−1	b1	后汛期

表 4.7　突变年后联系数及分期结果

集合	$\mu_{A_i-B_1}$				$\mu_{A_i-B_2}$				$\mu_{A_i-B_3}$				结果	
	a	b	c	联系数	a	b	c	联系数	a	b	c	联系数	标准	汛期分期
A1	1	0	0	1	0	1	0	0	0	0	1	−1	b1	前汛期
A2	1	0	0	1	0	1	0	0	0	0	1	−1	b1	前汛期
A3	1	0	0	1	0	1	0	0	0	0	1	−1	b1	前汛期
A4	0.75	0.25	0	0.75	0.25	0.75	0	0.25	0	0.25	0.75	−0.75	b1	前汛期
A5	0.25	0.75	0	0.25	0.75	0.25	0	0.75	0	0.75	0.25	−0.25	b2	过渡期
A6	0.25	0.25	0.5	−0.25	0.25	0.75	0	0.25	0.5	0.25	0.25	0.25	b2/b3	主汛期
A7	0	0.25	0.75	−0.75	0.25	0.75	0	0.25	0.75	0.25	0	0.75	b3	主汛期
A8	0	0.25	0.75	−0.75	0.25	0.75	0	0.25	0.75	0.25	0	0.75	b3	主汛期
A9	0	0	1	−1	0	1	0	0	1	0	0	1	b3	主汛期

续表

集合	$\mu_{A_i-B_1}$				$\mu_{A_i-B_2}$				$\mu_{A_i-B_3}$				结果	
	a	b	c	联系数	a	b	c	联系数	a	b	c	联系数	标准	汛期分期
A10	0	0	1	−1	0	1	0	0	1	0	0	1	b3	主汛期
A11	0.25	0.25	0.5	−0.25	0.25	0.75	0	0.25	0.5	0.25	0.25	0.25	b2/b3	主汛期
A12	0	0.25	0.75	−0.75	0.25	0.75	0	0.25	0.75	0.25	0	0.75	b3	主汛期
A13	0	0	1	−1	0	1	0	0	1	0	0	1	b3	主汛期
A14	0	0	1	−1	0	1	0	0	1	0	0	1	b3	主汛期
A15	0	0.5	0.5	−0.5	0.5	0	0.5	0.5	0.5	0	0	0.5	b3/b2	主汛期
A16	0.25	0.75	0	0.25	0.75	0.25	0	0.75	0	0.75	0.25	−0.25	b2	过渡期
A17	0.25	0.75	0	0.25	0.75	0.25	0	0.75	0	0.75	0.25	−0.25	b2	过渡期
A18	1	0	0	1	0	1	0	0	0	0	1	−1	b1	后汛期
A19	0.75	0.25	0	0.75	0.25	0.75	0	0.25	0	0.25	0.75	−0.75	b1	后汛期
A20	0.75	0.25	0	0.75	0.25	0.75	0	0.25	0	0.25	0.75	−0.75	b1	后汛期
A21	1	0	0	1	0	1	0	0	0	0	1	−1	b1	后汛期

根据表 4.6 和表 4.7 的计算结果,得出突变年前后的分期结果见表 4.8。

表 4.8　集对分析方法分期结果

	前汛期	前过渡期	主汛期	后过渡期	后汛期
突变年前	4.1—4.30	5.1—6.10	6.10—8.31	9.1—9.20	9.21—10.31
突变年后	4.1—5.10	5.10—5.20	5.20—8.31	9.1—9.20	9.21—10.31

3. 成果分析

(1)由表 4.8 得出,突变年前的前汛期时段为一个月,为整个 4 月,而突变年后的前汛期比突变年前的时段长一个旬;过渡期的时长差距比较大,突变年前为 4 个旬,突变年只有一个旬;主汛期突变年前为 6 月 10 日—8 月 31 日,突变年后为 5 月 20 日—8 月 31 日,有 21 天的差距。突变年前后各分期的时间长短对比见图 4.4。

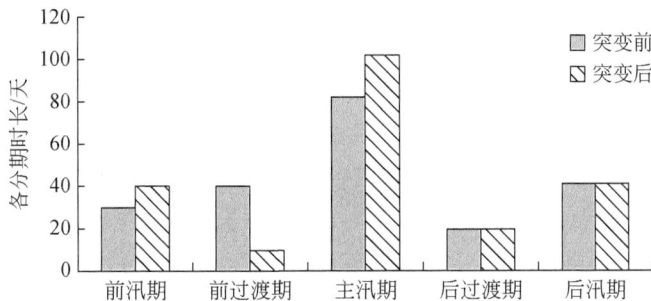

图 4.4　突变前后各分期时长

（2）突变年前后分期时间差异主要出现在前汛期、前过渡期以及主汛期，差异最明显的是前过渡期。对于突变年后，前汛期与主汛期之间过渡时间很短，对水库调度不利；而对于突变年前，各个分期之间天数分布合理，对水库调度有利。

4.4　小　　　结

本章通过集对分析方法对突变年前后水库汛期进行划分，实例应用表明，澄碧河水库突变年 1990 年前的前汛期、前过渡期、主汛期、后过渡期、后汛期分别为 4 月 1 日—4 月 30 日、5 月 1 日—6 月 10 日、6 月 11 日—8 月 31 日、9 月 1 日—9 月 20 日和 9 月 21 日—10 月 31 日；相应的突变年 1990 年后分别为 4 月 1 日—5 月 10 日、5 月 11 日—5 月 20 日、5 月 21 日—8 月 31 日、9 月 1 日—9 月 20 日和 9 月 21 日—10 月 31 日。对比发现，突变后的主汛期分期时长跨度较大且与突变年前的分期结果相差较大，可见气候变化对水库汛期分期是有影响的，所以现行水库调度过程中应对气候变化影响问题给予高度重视和深入研究。

第5章 水库汛期分期的 Fisher 最优分割法及应用

"最优分割法(Fisher 法)"是对有序样本进行最优化分段的一种数学聚类方法,具有客观、最优的特点。该方法由数学家 Fisher 在 1958 年首先提出,所以又称 Fisher 法最优分割法(张彦波,1979)。所谓"最优分割",就是对有序样本的一种分段,它能使各段内部的差异最小,而段与段之间的差异最大,这个原则即为衡量"最优"分割的标准(洪时中,1984)。本章将详细介绍 Fisher 最优分割法的有关理论,探讨其工程应用的有关问题。

5.1 Fisher 最优分割法理论

5.1.1 Fisher 最优分割法理论

1. Fisher 最优分割法原理

汛期分期属于聚类分析,而聚类分析又分为有序样本聚类分析与非有序样本聚类分析。Fisher 最优分割法作为有序样本的聚类方法,其最优解是使各分段的总离差平方和最小,而所有可能的分类中都保持了样本的时间连续性。换言之,如果有一种分类破坏了样本的时间连续性,即使其总离差平方和再小,这些组合在 Fisher 分割法中也不予以考虑。正是这种特性使 Fisher 最优分割法能够保持样本的时间连续性(李俊、武鹏林,2016)。

Fisher 最优分割法作为对有序样本的一种聚类法,样本须按顺序排列,即在分段时不允许打破样本的顺序。若将 N 个有序样本分割为 k 段,则所有可能的分割方案共有 C_{N-1}^{k-1} 种,那么分成任意段所有可能分法共有 $C_{N-1}^{0}+C_{N-1}^{1}+C_{N-1}^{2}+\cdots+C_{N-1}^{N-1}=2^{N-1}$ 种,每一种分法称为一种分割。

2. Fisher 最优分割法思路

设有一批(N 个)按一定顺序排列的样本,每个样本测得 P 项指标(也称 P 维),这些样本和指标之间通过指标特征值 $X_{ij}(i=1\sim N,j=1\sim P)$ 构建关系矩阵为

$$X(N{\times}P)=\begin{bmatrix} X_{11} & X_{12} & \cdots & X_{1P} \\ X_{21} & X_{22} & \cdots & X_{2P} \\ \vdots & \vdots & \ddots & \vdots \\ X_{N1} & X_{N2} & \cdots & X_{NP} \end{bmatrix} \tag{5.1}$$

式中,N 行表示 N 个样本;P 列表示 P 项指标;矩阵元素 X_{ij} 表示第 i 个样本的第 j 个指标的观测值。

但就实际而言,以下的列矩阵 $Y(N{\times}1)$ 应用更为广泛。

当样本的维数 $P=1$；或更广泛意义上，当样本矩阵 $X(N{\times}P)$ 通过加权降维，变为 $Y(N{\times}1)$ 时，样本和指标之间通过指标特征值 $Y_i(i=1\sim N)$ 构建的列矩阵为

$$Y(N{\times}1) = \begin{bmatrix} Y_1 \\ Y_2 \\ \vdots \\ Y_N \end{bmatrix} \tag{5.2}$$

现在要把此 N 个样本按顺序（不破坏序列的连续性）进行 Fisher 最优分割，即在所有分割中，找到一种分割法使得各段内样本之间的差异最小，而各段之间的差异最大，即使总的段内离差平方和最小。为了达到这个目的，可令每段样本内的段内直径（段内离差平方和）最小，各组之间的段间直径（段间离差平方和）尽可能的大，即使总的段内离差平方和最小。

3. 段直径 D_{uv}

段直径 D_{uv} 越小，表示段内各样本之间差异性越小；反之，则表示段内各样本之间的差异越大。

段直径 D_{uv} 定义：设样本依次是 $X_1,X_2,\cdots,X_N$，样本分段后的某一类样本是 $\{X_u,X_{u+1},\cdots,X_v\}$（$1\leqslant u<v\leqslant N, u\&v\in(0,N)\cup Z$），段直径是表示样本段 $\{X_u,X_{u+1},\cdots,X_v\}$ 内样本间的差异情况的变量。用离差平方和表示段直径为

$$D_{uv} = \sum_{l=u}^{v}(X_l - \overline{X}_{uv})^{\mathrm{T}}(X_l - \overline{X}_{uv}) \tag{5.3}$$

式中，$(X_l-\overline{X}_{uv})^{\mathrm{T}}$ 是转置矩阵，且其中的样本段均值为

$$\overline{X}_{uv} = \frac{1}{v-u+1}\sum_{l=u}^{v}X_l \tag{5.4}$$

但就实际而言，以下段直径 D_{uv} 公式的应用更为广泛。

在段直径的定义中，当样本的维数 $P=1$；或更广泛意义上，当样本段 $X(N{\times}P)$ 加权降维为 $Y(N{\times}1)$，则段直径 D_{uv} 可表示为

$$D_{uv} = \sum_{l=u}^{v}(Y_l - \overline{Y}_{uv})^2 \tag{5.5}$$

其中

$$\overline{X}_{uv} = \frac{1}{v-u+1}\sum_{l=u}^{v}X_l \tag{5.6}$$

4. 直径总和函数

设样本经过数据处理后依次是 $Y_1,Y_2,\cdots,Y_N$，将 N 个样本分成 k 段，令某种"特定分法"为

$P(N,k,i'):G_1=\{Y_{i_1},Y_{i_1+1},\cdots Y_{i_2-1}\},G_2=\{Y_{i_2},Y_{i_2+1},\cdots,Y_{i_3-1}\},\cdots,G_k=\{Y_{i_k},Y_{i_k+1},\cdots,Y_N\}$

式中，$i':\{i_1'=1<i_2'<\cdots<i_k'<N(i'\in(0,N)\cup Z)\}$。

则对于每一段，分别确定段直径如下

$$D_{1,i_2-1},D_{i_2,i_3-1},\cdots,D_{i_k,N}$$

对于这种分割法，可以求得该种将 N 个样本分成 k 段的某种"特定分法"的段直径总和

S 为

$$S = D_{1,i_2-1} + D_{i_2,i_3-1} + \cdots + D_{i_k,N} = \sum_{l=1}^{k} D_{i_l,i_{l+1}-1}$$

这个 S 只是某种"特定分法"下的段直径总和。而在实际应用中,更需要的是求出一种最优分割解,即在所有可能的分割中找出使得 S 达到最小值的那个分割法,这是 Fisher 最优分割法的核心思想。为达到上述目的,需要对段直径总和函数进行定义。

段直径总和函数定义:设样本经过数据处理后依次是 $Y_1, Y_2, \cdots, Y_N$,$P(N,k,i)$ 表示将 N 个样本分成 k 类的任意一种分法(共 C_{N-1}^{k-1} 种),即

$$P(N,k,i): G_1 = \{Y_{i_1}, Y_{i_1+1}, \cdots Y_{i_2-1}\}, G_2 = \{Y_{i_2}, Y_{i_2+1}, \cdots, Y_{i_3-1}\}, \cdots,$$
$$G_k = \{Y_{i_k}, Y_{i_k+1}, \cdots, Y_N\} \tag{5.7}$$

式中,$i: \{i_1 = 1 < i_2 < \cdots < i_k < N(i \in (0,N) \cup Z)\}$。

则段直径总和函数为

$$S[P(N,k,i)] = \sum_{l=1}^{k} D_{i_l,i_{l+1}-1} \tag{5.8}$$

5. 损失函数

当 N,k 固定时,$S[P(N,k,i)]$ 越小,表示各段的离差平方和越小,此时的段的分割是越合理的。因此,要寻求一种分法使得 $S[P(N,k,i)]$ 达到最小,$\min\{S[P(N,k,i)]\}$ 的递推公式如下:

当样本分为 2 段,即 $k=2$ 时,最优 2 分割的损失函数为

$$E(N,2,i) = \min_{i_1=1<i_2<N(i \in (0,N) \cup Z)} \{D_{i_1=1,i_2-1} + D_{i_2,N}\} \tag{5.9}$$

当样本分为 3 段,即 $k=3$ 时,最优 3 分割的损失函数为

$$E(N,3,i) = \min_{i_1=1<i_2<i_3<N(i \in (0,N) \cup Z)} \{D_{i_1=1,i_2-1} + D_{i_2=1,i_3-1} + D_{i_3,N}\} \tag{5.10}$$

当样本分为 k 段时,以下递推公式公式是核心,即最优 k 分割的损失函数为

$$E(N,k,i) = \min_{i_1=1<i_2<\cdots<i_k<N(i \in (0,N) \cup Z)} \left\{ \sum_{l=1}^{k} D_{i_l,i_{l+1}-1} \right\} = \min_{i_1=1<i_2<\cdots<i_k<N(i \in (0,N) \cup Z)} \{E(i_k-1,k-1,i) + D_{i_k,N}\} \tag{5.11}$$

式(5.11)中的 $E(i_k-1,k-1,i)$ 可以逆推得

$$E(i_k-1,k-1,i) = \min_{i_1=1<i_2<\cdots<i_{k-1}<i_k-1(i \in (0,i_k-1) \cup Z)} \{E(i_{k-1}-1,k-2,i) + D_{i_{k-1},i_k-1} D_{i_k,N}\} \tag{5.12}$$

根据上述递推公式,对损失函数有如下定义。

损失函数定义:设样本经过数据处理后依次是 $Y_1, Y_2, \cdots, Y_N$,$P(N,k,i)$ 表示将 N 个样本分成 k 段的任意一种分法(共 C_{N-1}^{k-1} 种),即

$$P(N,k,i): G_1 = \{Y_{i_1}, Y_{i_1+1}, \cdots Y_{i_2-1}\}, G_2 = \{Y_{i_2}, Y_{i_2+1}, \cdots, Y_{i_3-1}\}, \cdots, G_k = \{Y_{i_k}, Y_{i_k+1}, \cdots, Y_N\} \tag{5.13}$$

式中,$i: \{i_1 = 1 < i_2 < \cdots < i_k < N(i \in (0,N) \cup Z)\}$。

损失函数 $E(n,k,i)$ 是任意一种分法中 $S[P(N,k,i)]$ 的最小值所代表的分法,即

$$E(N,k,i) = \min\{S[P(N,k,i)]\} = \min_{i_1=1<i_2<\cdots<i_k<N(i \in (0,N) \cup Z)} \left\{ \sum_{l=1}^{k} D_{i_l,i_{l+1}-1} \right\} \tag{5.14}$$

5.1.2　Fisher 最优分割法步骤

1. 数据处理

进行计算前,首先要对原始数据进行处理,数据处理包括对样本进行无量纲化与加权降维两部分。

1)无量纲化

对于给定的一个多指标观测样本,由于各指标值在数量级上的差别是比较大的,如果直接用原始数据计算,则会突出那些绝对值大的指标的作用,压低绝对值小的指标的作用,会对结果产生不同程度的影响。为消除这种影响,可以事先对原始数据进行规格化或标准化处理,即无量纲化处理,使各个指标值处于同一的度量标准之下。

无量纲化的具体步骤是,首先通过指标特征值 $X_{ij}(i=1\sim N, j=1\sim P)$ 构建样本与指标之间的关系矩阵 $X(N\times P)$,设 N 表示样本容量,P 表示样本中每个元素的维数,待分割样本矩阵为

$$X(N\times P) = \begin{Bmatrix} X_{11} & X_{12} & \cdots & X_{1P} \\ X_{21} & X_{22} & \cdots & X_{2P} \\ \vdots & \vdots & \ddots & \vdots \\ X_{N1} & X_{N2} & \cdots & X_{NP} \end{Bmatrix} \tag{5.15}$$

然后为消除样本各个指标的物理量纲不一致造成的影响,将各指标特征值进行标准化,处理得到标准化矩阵为

$$X'(N\times P) = \begin{Bmatrix} X'_{11} & X'_{12} & \cdots & X'_{1P} \\ X'_{21} & X'_{22} & \cdots & X'_{2P} \\ \vdots & \vdots & \ddots & \vdots \\ X'_{N1} & X'_{N2} & \cdots & X'_{NP} \end{Bmatrix} \tag{5.16}$$

元素 X'_{ij} 为无量纲化后的指标特征值,即

$$X'_{ij} = \frac{X_{ij} - X_{\min,j}}{X_{\max,j} - X_{\min,j}} \tag{5.17}$$

式中,$X_{\max,j}$ 和 $X_{\min,j}$ 分别对应其中第 j 个指标的最大值和最小值。

2)加权降维

一般情况下,各个指标对样本分段的重要程度不一,假设各指标的权重系数为 $\omega:\{\omega_1, \omega_2, \cdots, \omega_P\}$,加权平均后可将多指标特征值矩阵转化为一维特征值向量,即

$$Y = \begin{bmatrix} Y_1 \\ Y_2 \\ \vdots \\ Y_N \end{bmatrix} = \begin{bmatrix} X'_{11} & X'_{12} & \cdots & X'_{1p} \\ X'_{21} & \ddots & \cdots & X'_{2p} \\ \vdots & \vdots & \ddots & \vdots \\ X'_{N1} & X'_{N2} & \cdots & X'_{NP} \end{bmatrix} \begin{bmatrix} \omega_1 \\ \omega_1 \\ \vdots \\ \omega_P \end{bmatrix} \tag{5.18}$$

以向量 Y 作为初始分类的样本特征值,就可以对样本序列进行分割。

2. 计算段直径及段直径总和函数

设样本经过数据处理后依次是 $Y_1, Y_2, \cdots, Y_N$，$P(N, k, i)$ 表示将 N 个样本分成 k 段的任意一种分法 (共 C_{N-1}^{k-1} 种)，即

$$P(N,k,i): G_1 = \{Y_{i_1}, Y_{i_1+1}, \cdots Y_{i_2-1}\}, G_2 = \{Y_{i_2}, Y_{i_2+1}, \cdots, Y_{i_3-1}\}, \cdots, G_k = \{Y_{i_k}, Y_{i_k+1}, \cdots, Y_N\}$$

(5.19)

式中，$i: \{i_1 = 1 < i_2 < \cdots < i_k < N (i \in (0,N) \cup Z)\}$。

1) 段直径 D_{uv} 为

$$D_{uv} = \sum_{l=u}^{v} (Y_l - \overline{Y}_{uv})^2 \tag{5.20}$$

其中

$$\overline{Y}_{uv} = \frac{1}{v-u+1} \sum_{l=u}^{v} Y_l \tag{5.21}$$

2) 段直径总和函数为

$$S[P(N,k,i)] = \sum_{l=1}^{k} D_{i_l, i_{l+1}-1} \tag{5.22}$$

3. 求损失函数

若已知 N 和 k 值，对应的损失函数为

$$E(N,k,i) = \min\{S[P(N,k,i)]\} = \min_{i_1=1<i_2<\cdots<i_k<N(i \in (0,N)\cup Z)} \left\{\sum_{l=1}^{k} D_{i_l, i_{l+1}-1}\right\} \tag{5.23}$$

与之相对应的分割点即为最优分割点。

4. 列递推公式

当样本分为 2 段，即 $k=2$ 时，最优 2 分割的损失函数为

$$E(N,2,i) = \min_{i_1=1<i_2<N(i \in (0,N)\cup Z)} \{D_{i_1=1, i_2-1} + D_{i_2, N}\} \tag{5.24}$$

当样本分为 3 段，即 $k=3$ 时，最优 3 分割的损失函数为

$$E(N,3,i) = \min_{i_1=1<i_2<i_3<N(i \in (0,N)\cup Z)} \{D_{i_1=1, i_2-1} + D_{i_2=1, i_3-1} + D_{i_3, N}\} \tag{5.25}$$

当样本分为 k 段时，以下递推公式公式是核心，即最优 k 分割的损失函数为

$$E(N,k,i) = \min_{i_1=1<i_2<\cdots<i_k<N(i \in (0,N)\cup Z)} \{E(i_k-1, k-1, i) + D_{i_k, N}\} \tag{5.26}$$

式 (5.26) 中的 $E(i_k-1, k-1, i)$ 可以逆推得

$$E(i_k-1, k-1, i) = \min_{i_1=1<i_2<\cdots<i_{k-1}<i_k-1(i \in (0, i_k-1)\cup Z)} \{E(i_{k-1}-1, k-2, i) + D_{i_{k-1}, i_k-1} D_{i_k, N}\} \tag{5.27}$$

5. 迭代法求解 k 段最优分割

假设要分 k 段，首先找分点 Y_{i_k} 满足式 (5.26)，得到第 k 段样本为 $G_k^* = \{Y_{i_k}, Y_{i_k+1}, \cdots, Y_N\}$，然后找到第 $k-1$ 个分点 $Y_{i_{k-1}}$，使它满足式 (5.27)，得到第 $k-1$ 个分段样本为 $G_{k-1}^* = \{Y_{i_{k-1}}, Y_{i_{k-1}+1}, \cdots, Y_{i_{k-1}}\}$。

经过迭代计算，将得到所有样本段为 $G_1^*, G_2^*, \cdots, G_k^*$，这就是分段数为 k 的最优分段结果。

卵的概率也是稳定的。

　　因此,如果把每个布谷鸟卵看成是研究问题的一个解,因描述卵的特征可以是一个或者几个(如卵的大小、色泽、浑圆度等),所以对应的解可以是一维或者多维。按照上述既定的优选和淘汰准则,以雏鸟的生命力为目标,通过计算每个解对应的损失函数(雏鸟的生命力)来评判其优劣情况,进而通过逐代的优选实现优胜劣汰,以寻求到最优的卵,其对应的解即是最优的解。布谷鸟搜索算法的思路流程见图6.1。

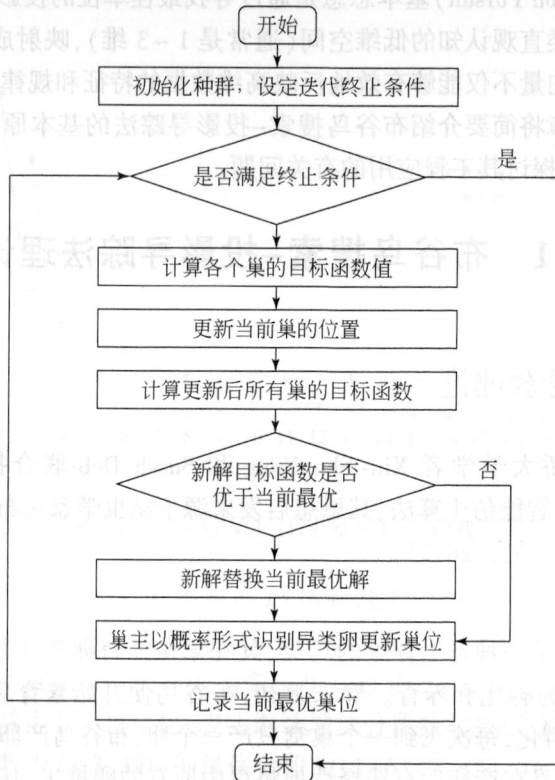

图6.1　布谷鸟搜索思路流程

6.1.2　投影寻踪法理论

1. 投影寻踪法理论的产生、定义与基本思想

　　投影寻踪理论(Projection Pursuit)的产生:自然界的现象与本质之间往往存在着较为复杂的结构关系,事物之间的相互影响也千丝万缕,影响某一件事情发生的因素往往不是单一的。例如,一场洪水的形成和发生,不仅与降雨有关,还与气流水平和垂向运动变化、陆面和水面蒸发、温度、土壤湿度和其他下垫面条件有着不同程度的联系;再如,影响一个区域的水资源承载能力的因素不仅是区域的水资源总量,还应包括区域的社会发展水平、人口结构、各产业用水量、居民节水情况等。综上所述,研究事物应从影响其发生的多种因素综合考虑。但随着考虑的因素越来越多,影响问题的指标维数逐渐增高,困难也随之增加。一方

面,维数的增高必然导致计算量和计算难度的急剧增加;另一方面,高维的数据结构和特征无法通过人们易于掌握的图像和形体表现,从而使得问题变得更抽象难懂。为此,人们开始寻找既能减少计算工作量和难度,又能直观形象反映高维数据特性的新方法。投影寻踪法就是在这种情况下产生和发展的。

投影寻踪定义:投影寻踪涉及统计学、计算机技术和解析数学等多个领域,是用于解决分析和处理高维数据结构关系,尤其是处理来自非正态总体的高维数据的一种统计方法。

投影寻踪的基本思想:利用计算机技术,通过寻找最佳单位投影向量,将错综复杂的高维数据投射到能为人类直观认知的低维空间(通常是 1 ~ 3 维),并通过极小化某个投影指标,寻找出能反映原高维数据结构或特征的投影,将其映射成为投影向量的过程。这些低维空间的投影向量不仅能够有效地反映高维数据的特征和规律,而且更为直观易读,便于理解和掌握。投影就是从不同的角度去观测高维数据特性,寻踪就是寻找最能反映高维数据特性的最佳观察方向即最优投影方向。

2. 投影寻踪法在水库汛期分期中的适用性

汛期的形成是一个多因素影响的过程,影响汛期特征和变化的因素不是单一的,包括了降雨径流在内的多个因素。汛期的这一特点与投影寻踪所致力于解决的问题相契合。因此,将投影寻踪理论引入水库汛期分期是可行的。

3. 投影寻踪法的主要特点

(1)避免维数灾的影响。这是因为它对数据的分析是在低维子空间上进行的,对 1 ~ 3 维的投影空间来说,高维空间中稀疏的数据点已经足够密,足以发现数据在投影空间中结构特征;

(2)排除无关变量干扰。可以排除与数据结构和特征无关,或关系很小的变量的干扰;

(3)有效解决高维问题。投影寻踪法可以将高维数据投影到一维子空间,再对投影后的一维数据进行分析,比较不同一维投影的分析结果,找出好的投影;

(4)适用于非线性问题。投影寻踪虽然是以数据的线性投影为基础,但它找的是线性投影中的非线性结构。因此,它可以用来解决一定程度的非线性问题,如多元非线性回归。

4. 投影寻踪法的分类

1)手工投影寻踪

手工投影寻踪主要是利用计算机图像显示系统在终端屏幕上显示出高维数据在二维平面上的投影,并通过调节图像输入装置来连续地改变投影平面,使屏幕上的图像也相应地变化,显示出高维数据在不同平面上投影的散点图像。使用者可以通过观察图像来判断投影是否能反映原数据的某种结构或特征,并通过不断地调整投影平面来寻找这种有意义的投影平面。

利用这个系统人们可以看到不超过九维的数据在任何二维平面上的投影图像,用以发现数据的聚类和超曲面结构。这个系统还可以只显示指定的区域内的高维点,并把其他点移出屏幕不显示出来。因此当人们在投影平面上发现了某种聚类结构时,可以把不同类的数据分开,再分别考察每个类中的数据的结构和特征。

选。投影指标函数 $Q(e)$ 的最优值随着迭代数的变化见图 6.3。

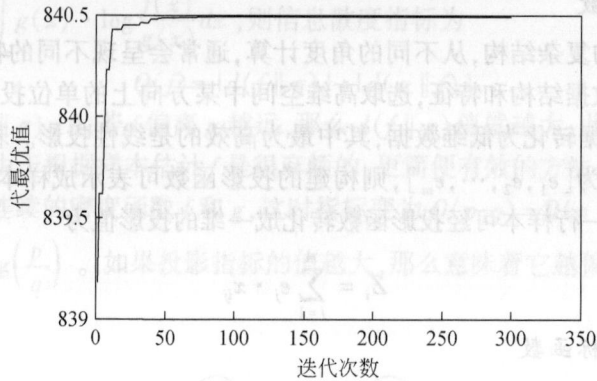

图 6.3　最优值迭代变化情况

从图 6.3 可知,最优值从一开始随迭代次数呈现显著的增加。当迭代次数增加至 80 ~ 100 时,最优值变化逐渐放缓,变化较小;而当迭代次数增加至 100 代后,最优值几乎不再发生变化,趋于稳定。通过寻优可得,最优单位投影向量 $e = [0.4161, 0.5076, 0.6156, 0.4361]$,与之对应的最优值 $Q(e) = 840.4881$。

将最优的 e 代入式(6.11)可得各个样本对应的一维投影值 Z_i,结果见表 6.1。

表 6.1　汛期指标样本及对应投影值

旬时期(代号)	暴雨日数	平均降雨量 /(mm/d)	旬平均入库流量 /(m³/s)	旬内年最大洪峰 出现次数/n	投影寻踪法 投影值/Z_i
4 月上旬(1)	0	1.75	5.03	0	0.0000
4 月中旬(2)	4	2.21	6.72	0	0.0887
4 月下旬(3)	6	2.43	8.64	0	0.1390
5 月上旬(4)	11	4.04	12.29	0	0.3188
5 月中旬(5)	14	5.06	25.62	2	0.5938
5 月下旬(6)	19	6.29	49.13	0	0.7745
6 月上旬(7)	18	7.35	62.98	2	1.0030
6 月中旬(8)	32	6.78	80.52	6	1.4517
6 月下旬(9)	24	10.56	98.59	6	1.6744
7 月上旬(10)	23	9.61	104.72	7	1.6921
7 月中旬(11)	24	7.24	98.29	2	1.2875
7 月下旬(12)	20	8.16	107.16	2	1.3420
8 月上旬(13)	20	9.46	106.81	2	1.7539
8 月中旬(14)	18	8.03	103.13	5	1.4295
8 月下旬(15)	16	6.44	77.74	3	1.0619
9 月上旬(16)	9	5.06	63.43	1	0.7082

续表

旬时期(代号)	暴雨日数	平均降雨量 /(mm/d)	旬平均入库流量 /(m³/s)	旬内年最大洪峰 出现次数/n	投影寻踪法 投影值/Z_i
9 月中旬(17)	2	4.42	44.77	3	0.5648
9 月下旬(18)	5	3.23	30.41	0	0.3033
10 月上旬(19)	3	2.97	27.33	1	0.2922
10 月中旬(20)	8	2.75	24.89	3	0.4267
10 月下旬(21)	7	3.07	19.28	0	0.2530

　　根据表 6.1,将各旬对应的投影值绘制成汛期分期分布图,并用投影值的平均值 $\overline{Z}$ = 0.817 作为水平截距进行分析,结果见图 6.4。

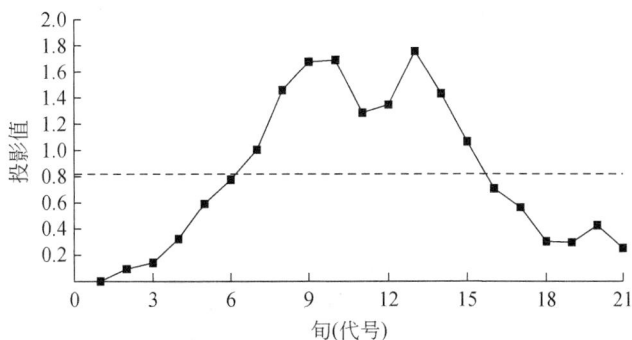

图 6.4　汛期分期投影值分布

　　根据图 6.4 中各旬对应的投影值的分布情况,可将汛期分为 3 期,即前汛期 4 月 1 日—5 月 31 日(相应代号 1 ~ 6);主汛期 6 月 1 日—8 月 31 日(相应代号 7 ~ 15);后汛期 9 月 1 日—10 月 31 日(相应代号 16 ~ 21)。

6.2.2　分期结果比较

　　将本章对澄碧河水库汛期分期结果与及其他方法研究结果进行汇总,结果见表 6.2。

表 6.2　不同方法分期成果汇总

方法	前汛期	主汛期	后汛期
分形法	4 月 13 日—6 月 6 日	6 月 7 日—8 月 25 日	8 月 26 日—10 月 31 日
集对分析法	4 月上旬—5 月上旬 (5 月中旬—6 月上旬为过渡期)	6 月中旬—8 月下旬	9 月上旬—10 月下旬
灰色定权聚类法	4 月上旬—5 月下旬	6 月上旬—8 月下旬	9 月上旬—10 月下旬
模糊集分析法	4 月 1 日—5 月 31 日	6 月 1 日—8 月 31 日	9 月 1 日—10 月 30 日

当调整 3 个参数值使拟合效果良好;

步骤 5　确定 3 个参数值,进而确定 P-Ⅲ 型曲线表达式,通过指定设计频率值,可计算出其对应水文变量的特征值。

7.1.2　Frank Copula 函数法

1. Frank Copula 函数

"Copula"一词来源于拉丁语,具有"连接、联合"之意,旨在描述多维联合分布函数与边缘分布函数之间的关系(钱小瑞,2008)。Copula 函数是构建联合分布的有效方法,一个 m 维联合分布可以拆解成为 m 个一维边缘分布和一个 Copula 函数。例如,若随机变量 $X_i(i=1,2,\cdots,m)$ 遵循的边缘分布函数分别为 $F_{xi}(x)=P(X_i)$,m 为随机变量的个数,x 为随机变量的值,则有且仅有一个 Copula 函数使得下式成立:

$$H(x_1,x_2,\cdots,x_m)=C(F_1(x_1),F_2(x_2),\cdots,F_m(x_m))=C(u_1,u_2,\cdots,u_m) \quad (7.8)$$

式中,$H(x_1,x_2,\cdots,x_m)$ 为联合分布函数;$F_k(x_k)=u_k$,$k=1,2,\cdots,m$,m 为边缘分布函数,其在 $(0,1)$ 上连续。

在描述多维度水文变量间关系时,Copula 函数表现出较明显的优势。此外,Copula 函数对边缘分布函数 $F_k(x_k)=u_k$,$k=1,2,\cdots,m$ 兼容性较强,适用于边缘分布为任意分布的情况。因此,Copula 函数在分析多维水文变量及其相关关系研究中得到广泛应用(熊立华等,2005;郭生练等,2008;陈璐等,2010)。

Archimedean Copula 函数是 Copula 函数中很重要的一类,其中对称型 Archimedean Copula 因其有计算结构简单、形式简便多样、对边缘分布的适应性较强等优点而在多变量分析中广受欢迎,其表达式为

$$C(u)=\varphi^{-1}\left(\sum_{k=1}^{m}\varphi(u_k)\right) \quad (7.9)$$

式中,$\varphi(\cdot)$ 是在 $[0,\infty]$ 上严格递减的连续函数,称为生成元。多维(三维及以上)Archimedean Copula 函数都是由二维函数嵌套产生的,分对称结构和非对称结构。对称结构要求结构两两间相同或相似;而多变量水文分析中,两两相同或相似的情况较少,大多都呈现出非对称结构。因此,三维非对称 Archimedean Copula 函数常用于多变量水文分析中,其又分为 Frank Copula、Clayton Copula、Gumbel Copula 函数等几种。其中,因为 Frank Copula 既可以适用于变量之间的正相关情况,又可以适用于负相关情况,且对相关程度没有限制,故常以 Frank Copula 来描述分期设计洪水频率和防洪标准的关系。三维非对称 Frank Copula 的表达式为

$$C(u_1,u_2,u_3)=-\theta_1^{-1}\log\{1-(1-e^{-\theta_1})^{-1}(1-[1-(1-e^{-\theta_2})^{-1}(1-e^{-\theta_2 u_1})(1-e^{-\theta_2 u_2})]^{\theta_1/\theta_2})(1-e^{-\theta_1 u_3})]\} \quad (7.10)$$

式中,参数 $\theta_2\geqslant\theta_1\geqslant0$;$u_1,u_2,u_3$ 分别为边缘分布函数。

2. 分期设计洪水频率和防洪标准的关系构建

对水库而言,防洪标准是伴随工程的建设而产生的,也是工程建设和反映工程防御洪水能

力的重要指标。水库工程的建设改变了河流天然的水量流程分配,因此就工程本身而言,其防洪标准通常以一定量级洪水发生频率的倒数或者重现期(以"年"为单位)为依据(杨晴,2000)。如不考虑工程下游的防护对象,就工程本身而言,N 年一遇的防洪标准 T 通常表示"工程能够抵御的年最大洪水频率为 $1/T$",这里的 T 通常以年为单位。

对于现行的分期设计洪水与防洪标准关系的研究中,将分期设计洪水频率等同于防洪标准 T 的倒数不甚合理。以分期最大值取样法为例,就洪水发生情况而言,将汛期进行分期后会使年最大洪水样本分散到各分期中。同时,选样会使一些量级相对较小的"分期最大洪水"掺入到各分期中,因此经频率分析和计算得到的各分期的设计频率的特征值注定较年最大值系列计算出的值小,再经过调洪演算势必会造成分期汛限水位有大幅度的提升空间。如此,汛限水位的抬升使得各分期面临的防洪安全压力会更大,尤其在主汛期,抬高汛限水位的做法是明显不合理,且会降低工程的防洪标准。为此,有规范建议在主汛期强制采用年最大洪水系列进行分析计算(刘攀等,2007a),这虽能确保主汛期防洪标准不降低,但对于非主汛期而言,仍旧不能满足要求。因此,现行的分期设计洪水虽能反映洪水的季节性规律,但难以满足工程防洪标准要求。若将整个汛期采用年最大系列计算,虽可满足工程防洪标准,但又不能很好地反映洪水随季节性变化的特性。所以,需找到一种能够同时满足上述两点要求的方法。Copula 函数的出现能较好地解决这一问题。若年最大洪水均发生在汛期,以各分期最大洪水遵循的分布为边缘分布,通过构建各分期洪水的联合分布函数,从而将分期洪水频率和年最大洪水频率相结合,也就与防洪标准联系在一起。从而使得分期设计洪水既能反映洪水季节性规律又能满足防洪标准。

设汛期洪水设计值被超越这一极端事件为 $E^{\cup}(x,y,z)=\{X{\geqslant}x\}\cup\{Y{\geqslant}y\}\cup\{Z{\geqslant}z\}$,式中 X、Y 和 Z 分别为前汛期、主汛期和后汛期发生洪水的随机事件,x、y 和 z 为分期洪水设计值。从式中可看出,只要前、主和后汛期中至少一个发生分期洪水超过设计值这一事件,则汛期设计值被超越这事件就会发生,且其发生的重现期就是防洪标准 $T^{\cup}$。

$$P^{\cup}(x,y,z)=P\{X{\geqslant}x\cup Y{\geqslant}y\cup Z{\geqslant}z\} \tag{7.11}$$

$$T^{\cup}(x,y,z)=1/P\{X{\geqslant}x\cup Y{\geqslant}y\cup Z{\geqslant}z\}=1/[1-F(x,y,z)] \tag{7.12}$$

式中,$P^{\cup}(x,y,z)$ 是 $E^{\cup}$ 的发生概率;$T^{\cup}(x,y,z)$ 是以"年"为单位的联合重现期;$F(x,y,z)$ 为 3 个分期联合分布函数。若年最大洪水事件 Q 均发生在汛期,其服从的分布函数为 $F_Q(q)$;q_T 为防洪标准 T 对应的设计值。设计值不被破坏事件的概率为 $P\{Q{<}q_T\}=F_Q(q_T)$,即前、主和后分期最大洪水事件 $\max(X,Y,Z){<}q_T$,因此有下式

$$F_Q(q_T)=P\{Q{<}q_T\}=P\{\max(X,Y,Z){<}q_T\}=P\{X{<}q_T,Y{<}q_T,Z{<}q_T\}=F(q_T,q_T,q_T) \tag{7.13}$$

因此,年最大值不被破坏意味着各分期的最大值均采用年最大值。式(7.13)可以作为检验分期设计洪水联合分布是否合理的一个指标。通过比较年最大洪水频率曲线和 $F(q_T,q_T,q_T)$ 计算所得曲线的贴合程度,可以评判分期设计洪水的计算效果。对于重现期问题,有

$$T_Q(q_T)=1/(1-F(q_T))=1/(1-F(q_T,q_T,q_T))=T^{\cup}(q_T,q_T,q_T)=T \tag{7.14}$$

由此可知,q_T 被破坏的重现期(防洪标准)等同于各分期均采用 q_T 的联合重现期,该重现期以"年"为单位。年最大洪水设计值可看成是各分期均采用年最大洪水设计值的特殊情况。此情况满足了防洪标准,但丧失了洪水季节性特征,未能较好地解决实际问题。

若采用现行的分期设计洪水频率等于 $1/T$(T 为防洪标准),各分期边缘分布函数对应的分

期最大值分别为 x_T, y_T, z_T, 则有 $x_T \leqslant q_T, y_T \leqslant q_T, z_T \leqslant q_T$。若联合重现期为 $T^{\cup}(x_T, y_T, z_T)$, 则有

$$T^{\cup}(x_T, y_T, z_T) = 1/[1 - F(x_T, y_T, z_T)] \leqslant 1/[1 - F(q_T, q_T, q_T)] = T^{\cup}(q_T, q_T, q_T) = T \quad (7.15)$$

由上式可知, 对于采用现行分期最大值计算的联合重现期 $T^{\cup}(x_T, y_T, z_T)$ 小于防洪标准 T。这种情况反映了洪水季节性特征, 却丧失了防洪标准要求, 未能保障工程的防洪安全。

为了协调上述两种情况的矛盾, 令联合重现期 $T^{\cup}(x, y, z) = T$, 则有

$$T = T_Q(q_T) = T^{\cup}(q_T, q_T, q_T) = T^{\cup}(x, y, z)$$
$$T = T^{\cup}(x, y, z) = 1/[1 - F(x, y, z)] = 1/[1 - C(u_1, u_2, u_3)] \quad (7.16)$$

式中, u_1, u_2, u_3 分别表示分期边缘分布函数, 能够使等式成立的 (x, y, z) 组合有无数种。该式很好地反映了分期设计洪水频率与防洪标准的关系。

3. 分期设计洪水过程线推求

分期设计洪水过程线的计算一般选择典型洪水过程线进行缩放。放大的方法有同频率放大和同倍比放大。同频率放大是以洪峰和历时洪量(1 天、3 天和 7 天)与典型洪水过程线对应值的比值作为放大的依据。

峰比系数

$$K_{Qm} = \frac{Q_{mp}}{Q_{md}} \quad (7.17)$$

最大 1 天洪量比系数

$$K_{W1} = \frac{W_{1p}}{W_{1d}} \quad (7.18)$$

最大 3 天包括最大 1 天, 剩余 2 天洪量比系数

$$K_{W3-1} = \frac{W_{3p} - W_{1p}}{W_{3d} - W_{1d}} \quad (7.19)$$

最大 7 天包括最大 3 天, 剩余 4 天洪量比系数

$$K_{W7-3} = \frac{W_{7p} - W_{3p}}{W_{7d} - W_{3d}} \quad (7.20)$$

式中, Q_{mp}、Q_{md} 分别是设计、典型洪峰流量; W_{1p}、W_{3p} 和 W_{7p} 分别是设计频率下 1 天、3 天和 7 天最大洪量; $W_{1天}$、$W_{3天}$ 和 $W_{7天}$ 分别是典型洪水过程线中 1 天、3 天和 7 天最大洪量。

同倍比放大则是以一定时段的洪量(也称"量比")或洪峰流量(也称"峰比")对典型洪水过程线进行整体放大, 该方法简单而实用。

$$k = \frac{Q_{mp}}{Q_{md}} \text{或} k = \frac{W_{kp}}{W_{kd}} \quad (7.21)$$

式中, k 为放大倍数; Q_{mp}、Q_{md}、W_{kp} 和 W_{kd} 分别是设计洪峰、典型洪峰、设计时段洪量和典型时段洪量。

7.2　工程应用实践

1. 分期洪水选样

根据澄碧河水库坝首站 1963 ~ 2014 年的水文数据资料进行样本选取, 并采用布谷鸟搜索—投影寻踪法的汛期分期结果。采用跨期选样, 跨期为 5 天, 故各个分期选样起止时间分别

为前汛期 4 月 1 日—6 月 5 日、主汛期 5 月 26 日—9 月 5 日和后汛期 8 月 26 日—10 月 31 日，具体结果见表 7.1。

表 7.1　分期最大流量计算结果

年份	分期年最大洪峰流量/(m³/s)			年份	分期年最大洪峰流量/(m³/s)		
	前汛期	主汛期	后汛期		前汛期	主汛期	后汛期
1963	86	700	1136	1989	344	385	242
1964	120	635	263	1990	438	1205	352
1965	337	472	330	1991	123	807	188
1966	243	653	271	1992	91	1185	105
1967	491	3299	438	1993	245	740	577
1968	1057	1668	618	1994	945	1128	436
1969	1182	1007	990	1995	589	712	585
1970	436	1156	646	1996	587	1315	550
1971	259	581	375	1997	1894	1780	1712
1972	606	666	441	1998	248	569	224
1973	594	703	326	1999	343	561	411
1974	196	584	473	2000	360	539	368
1975	575	387	437	2001	502	1068	273
1976	871	2430	394	2002	1336	1501	348
1977	814	2755	532	2003	483	876	411
1978	1531	1298	529	2004	308	951	264
1979	240	1503	464	2005	426	1132	142
1980	167	775	544	2006	466	742	170
1981	438	824	138	2007	407	837	1012
1982	220	691	269	2008	1057	1192	986
1983	788	542	577	2009	253	589	172
1984	438	304	377	2010	571	1858	401
1985	161	348	414	2011	517	243	224
1986	196	480	640	2012	825	893	138
1987	251	597	721	2013	214	302	286
1988	112	398	1434	2014	311	474	1062

2. 分期设计洪峰流量推求

根据选样的结果，采用适线法对各分期的样本进行频率分析计算，将所得到的不同频率对应的分期年最大洪峰流量值列于表 7.2，样本均值、变差系数和偏态系数相关参数结果列于表 7.3，各分期最大洪峰流量频率曲线见图 7.1 ~ 图 7.3。

表7.2　分期频率分析结果

频率/%	分期年最大洪峰流量/(m³/s)			频率/%	分期年最大洪峰流量/(m³/s)		
	前汛期	主汛期	后汛期		前汛期	主汛期	后汛期
1.89	1894	3299	1712	50.94	426	740	411
3.77	1531	2755	1434	52.83	407	712	401
5.66	1336	2430	1136	54.72	360	703	394
7.55	1182	1858	1062	56.60	344	700	377
9.43	1057	1780	1012	58.49	343	691	375
11.32	1057	1668	990	60.38	337	666	368
13.21	945	1503	986	62.26	311	653	352
15.09	871	1501	721	64.15	308	635	348
16.98	825	1315	646	66.04	259	597	330
18.87	814	1298	640	67.92	253	589	326
20.75	788	1205	618	69.81	251	584	286
22.64	606	1192	585	71.70	248	581	273
24.53	594	1185	577	73.58	245	569	271
26.42	589	1156	577	75.47	243	561	269
28.30	587	1132	550	77.36	240	542	264
30.19	575	1128	544	79.25	220	539	263
32.08	571	1068	532	81.13	214	480	242
33.96	517	1007	529	83.02	196	474	224
35.85	502	951	473	84.91	196	472	224
37.74	491	893	464	86.79	167	398	188
39.62	483	876	441	88.68	161	387	172
41.51	466	837	438	90.57	123	385	170
43.40	438	824	437	92.45	120	348	142
45.28	438	807	436	94.34	112	304	138
47.17	438	775	414	96.23	91	302	138
49.06	436	742	411	98.11	86	243	105

表7.3　分期最大洪峰流量

分期	水文参数			洪峰流量	
	$\bar{x}$/(m³/s)	C_v	C_s	0.1%/(m³/s)	0.01%/(m³/s)
前汛期	505.60	0.89	2.84	3637.55	5012.70
主汛期	943.07	0.81	2.41	5862.72	7904.99
后汛期	488.78	0.88	2.62	3387.23	4600.38

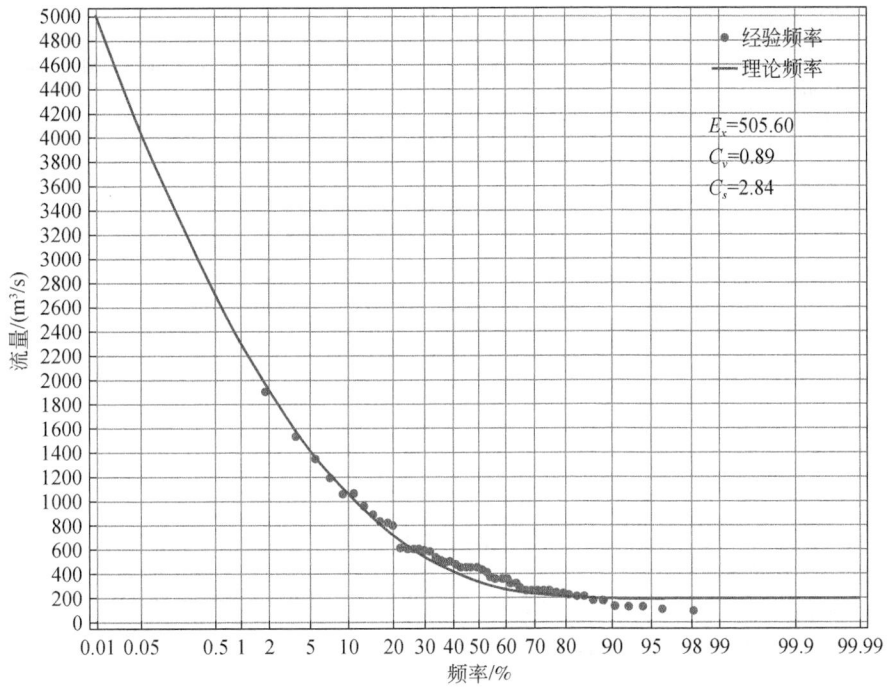

图 7.1　前汛期最大洪峰流量频率曲线

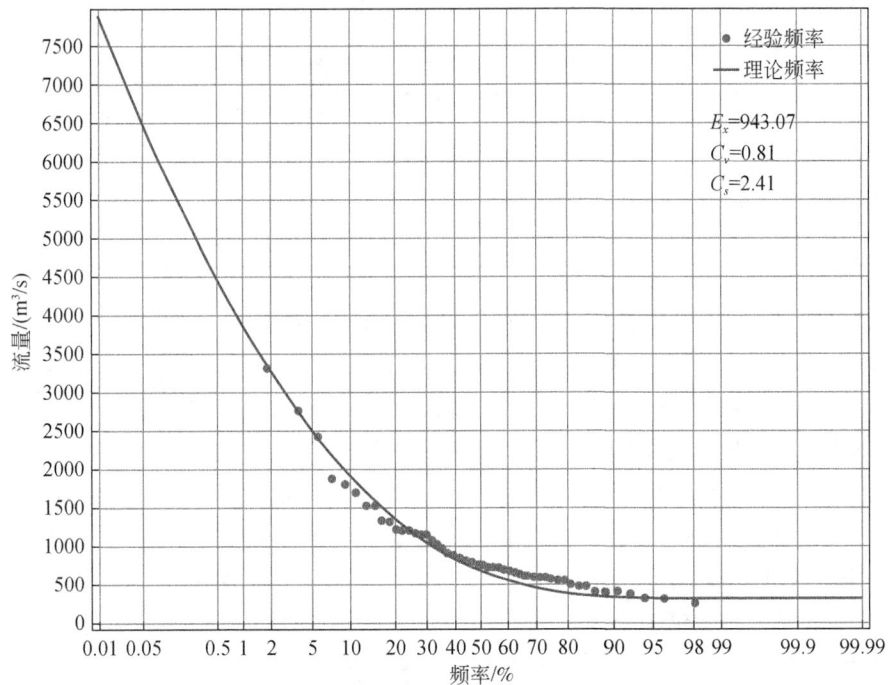

图 7.2　主汛期最大洪峰流量频率曲线

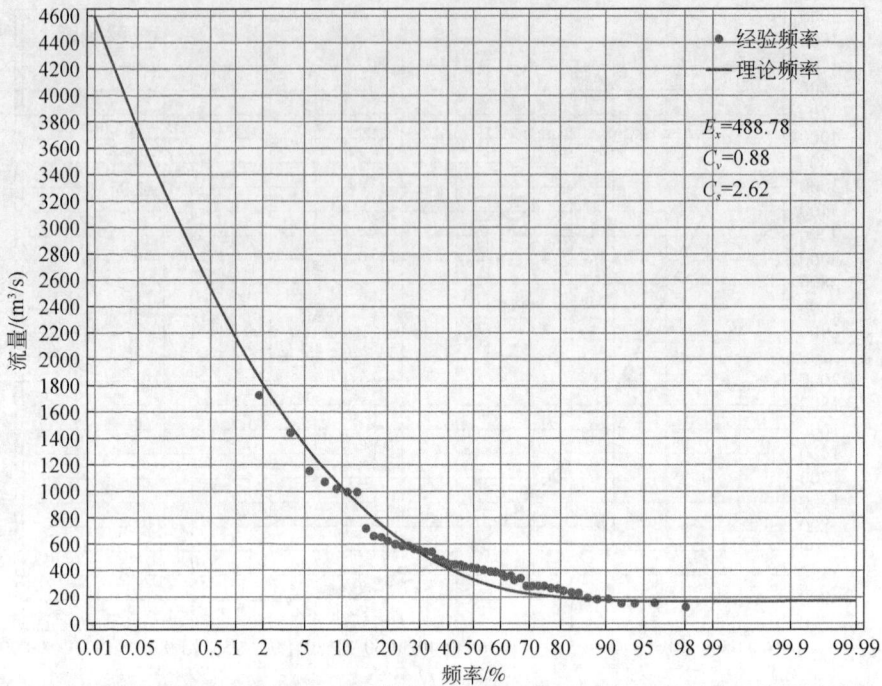

图 7.3　后汛期最大洪峰流量频率曲线

将本次结果与澄碧河水库最近两次设计洪水的复核成果进行对比,结果见表 7.4。

表 7.4　设计洪水结果对比

阶段	单位	0.1%/(m³/s)	0.01%/(m³/s)
2002 年洪水复核	广西大学水利水电研究所	6340	7960
2013 年除险加固工程初步设计	长江勘测规划设计院	6170	8160
本次计算	/	5862.72	7904.99

由表 7.4 可知,2002 年和 2013 年两次洪水复核结果相差不大,变幅在 2% ~4%。本例计算主汛期的 1000 年一遇洪峰流量为 5862.72m³/s,10000 年一遇洪峰流量为 7904.99m³/s。根据 2013 年长江勘测规划设计研究院对澄碧河水库设计洪水复核的结果显示,坝首站 0.1% 和 0.01% 频率下对应年最大洪峰流量分别为 6170m³/s 和 8160m³/s。本次计算的主汛期 0.1% 和 0.01% 的洪峰流量设计值分别是 5862.72m³/s 和 7904.99m³/s,比复核资料分别降低了 4.98% 和 3.13%。其原因主要是水文资料系列中并非每年的最大洪水均发生于主汛期时间内,根据 6.2.3 节中统计数据可知,年最大洪水发生在非主汛期的次数占总数的 19.23%。因此,在频率分析时主汛期的值较复核值偏小。

3. 基于 Frank Copula 函数的分期设计洪峰流量推求

通过前、主和后汛期设计洪水的频率分析可知其分布函数,以此作为联合分布的边缘分布函数 u_1,u_2 和 u_3,用 Frank Copula 函数描述边缘分布和联合分布的相关性结构,于是有

$$C(u_1,u_2,u_3)=-\theta_1^{-1}\log\{1-(1-e^{-\theta_1})^{-1}(1-[1-(1-e^{-\theta_2})^{-1}(1-e^{-\theta_2u_1})(1-e^{-\theta_2u_2})]^{\theta_1/\theta_2})(1-e^{-\theta_1u_3})\}$$

(7.22)

对于式中的参数,结合入库资料,通过联合观测值的经验频率,采用极大似然估计进行求解。其中联合观测值经验频率计算公式为

$$F_{example}(x,y,z)=\frac{n\{x\leq x_{(i)},y\leq y_{(i)},z\leq z_{(i)}\}}{N+1}$$

(7.23)

式中,分子表示样本中满足 $x\leq x_{(i)},y\leq y_{(i)},z\leq z_{(i)}$ 条件的个数;N 为序列总长。

根据计算可以求得 Frank Copula 函数的参数 θ_1 和 θ_2 分别为 0.6438 和 1.3854。以 P_X、P_Y 和 P_Z 分别表示前、主和后汛期最大洪水 x、y 和 z 的分期设计频率,则根据澄碧河各分期洪水相关性可得下式

$$P_X=1-u_1,P_Y=1-u_2,P_Z=1-u_3$$

(7.24)

由分期设计洪水频率和各分期分布函数(即边缘分布函数)关系式(7.16),可推导出分期设计洪水频率与防洪标准关系为

$$T=1/[1-C(u_1,u_2,u_3)]=1/[1-C(1-P_X,1-P_Y,1-P_Z)]$$
$$=1/[1+\theta_1^{-1}\log\{1-(1-e^{-\theta_1})^{-1}(1-[1-(1-e^{-\theta_2})^{-1}}$$
$$(1-e^{-\theta_2(1-P_X)})(1-e^{-\theta_2(1-P_Y)})]^{\theta_1/\theta_2})(1-e^{-\theta_1(1-P_Z)})\}]$$

(7.25)

由上式可知,能够满足防洪标准的 P_X,P_Y 和 P_Z 有无数种组合。由 Frank Copula 函数可知,u_1,u_2 和 u_3 三者的重要程度无差异性,故分期设计洪水频率相等,即 $P_X=P_Y=P_Z$。则在防洪标准 T 确定的情况下,可以找到唯一一组分期设计洪水频率($P_X=P_Y=P_Z$)与之对应。给出 T 即可求得相应的 P_X,P_Y 和 P_Z,再通过下式

$$x_{T0}=F_X^{(-1)}(1-P_X),y_{T0}=F_Y^{(-1)}(1-P_Y),z_{T0}=F_Z^{(-1)}(1-P_Z)$$

(7.26)

转化可以求得满足防洪标准的各分期设计洪水设计值。

将频率分析得到的年最大值曲线与根据式(7.13)计算得到的年最大洪水频率曲线绘制在一起进行比较,见图7.4。

由上图可知,Frank Copula 函数计算得到的年最大洪水频率与频率分析得到的年最大值分布曲线相吻合,说明计算结果较为可信。同时将分期最大值频率曲线与 Frank Copula 函数计算得到的年最大值进行比较,见图7.5。

由图7.5分析可得,各分期与年最大值均未出现交叉情况,表明计算成果合理。将由 Frank Copula 函数得到的满足防洪标准的各分期设计洪水和频率分析得到的年最大值进行汇总比较,见表7.5。

表 7.5　Frank Copula 计算成果与年最大值比较分析

分期	前汛期		主汛期		后汛期	
频率/%	0.1	0.01	0.1	0.01	0.1	0.01
频率分析所得年最大值/(m³/s)	6170(0.1%)		8160(0.01%)			
基于 Frank Copula 计算结果/(m³/s)	4467	5663	6614	8388	4239	5353
相对增幅/%	-27.60	-31.27	7.20	2.79	-31.30	-34.40

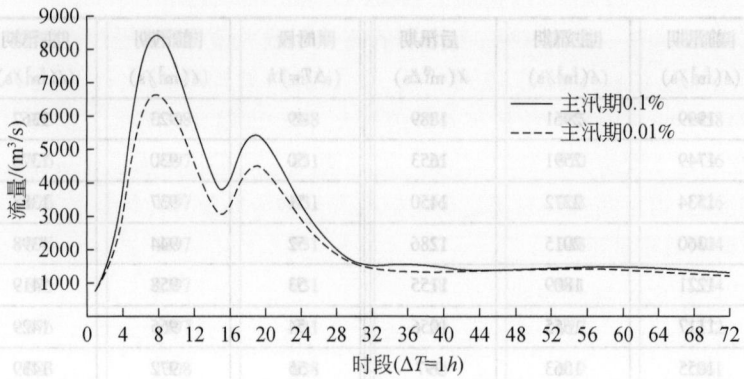

图 7.7　基于 Frank Copula 函数的主汛期 1000 年和 10000 年一遇洪水过程线

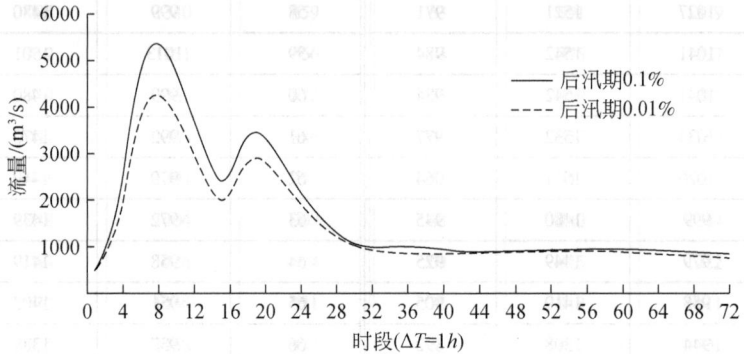

图 7.8　基于 Frank Copula 函数的后汛期 1000 年和 10000 年一遇洪水过程线

7.3　小　　　结

本章在介绍传统的汛期分期设计洪水推求理论的基础上,阐述了 Frank Copula 函数理论,并将其应用于构建分期设计洪水频率和防洪标准的关系,获得满足防洪标准的汛期各分期的联合分布函数。主要结果是:

(1)采用跨期的分期最大值选样方法对洪水样本进行了选取,并对各分期选样结果进行频率分析,从而得到了各分期洪峰流量频率曲线;

(2)根据现有的水库 1000 年一遇、10000 年一遇设计洪水过程线,采用倍比缩放法分别推求得到各分期 1000 年一遇、10000 年一遇设计洪水过程线;

(3)通过将 Frank Copula 函数理论用于构建分期设计洪水频率和防洪标准的关系,得到了既满足防洪标准、又能反映洪水季节性规律的分期设计洪水。

第8章 水库汛期危险性评价

危险度评价是风险度评价的前提和基础,对水库防洪安全而言,它是水库汛期失事概率的函数,取值为$[0,1]$。本章详细介绍水库汛期危险度模型构建的理论和方法,给出危险度等级划分标准和评价指南。在此基础上,以澄碧河水库为实例,探讨危险度理论和方法的工程应用问题。

8.1 水库汛期分期调度的不确定性分析

8.1.1 不确定性的分类

不确定性按学科分类,可分为随机不确定性、模糊不确定性和灰色不确定性3类(曹云,2005)。随机不确定性表现为事件的发生条件不一定能够引起事件的发生,具有一定的随机性;模糊不确定性表现为事物的界线模糊不清,无法准确地分类;灰色不确定性是由于所掌握的知识不全,对事物的整体特征无法完全了解,因而产生的不确定性。

不确定性从本质上分又可以分为客观不确定性和主观不确定性(曹云,2005)。客观不确定性包括物理量本身所具有的客观随机性、测量值与真实值之间的偏差和近似简化与真实值之间的偏差;主观不确定性是由于人类的主观意识或行为造成的与客观事实之间的偏差。客观不确定性和主观不确定性的区别在于前者是与真实值保持一致,而后者是与客观事实相悖的。

8.1.2 水库调度的不确定性

不确定性是水库调度固有的特性,主要可以表现为水文、水力、土工、结构和操作管理等方面的不确定性,其中最常见的是水文不确定性和水力不确定性。

水文不确定性是指水利工程所涉及的各种与水文相关的不确定性的物理量(何刚,2003;曹云,2005),主要有洪水频率分布(洪峰、洪量)、暴雨频率分布和失控分布、洪水过程线、风浪对洪水的影响,年径流量分布、年内洪水的时间分布、水位与库面面积关系、水位与库容关系、汛期坝前水位、库区冲淤、坝顶高程等。

水力不确定性是指影响泄流能力和计算水力荷载时具有不确定性的物理量(何刚,2003;曹云,2005)例如溢洪道的溢流系数、溢流堰净宽和堰顶高程的不确定性均会影响溢洪道的泄流能力,从而影响水位与下泄流量之间的关系。

根据已有的研究结果(金明,1991),影响水库防洪调度风险的最主要因素是水文不确定性,故本章主要考虑水文不确定性,如入库洪水和风浪对水位的影响。

8.2　基于 Monte Carlo 的水库汛期分期漫坝风险率模型

8.2.1　Monte Carlo 方法

Monte Carlo 方法的基本思路(李继华,2002;吕满英,2002)是:首先对影响其失事概率的随机变量以随机数的方式进行大量随机抽样;然后将抽样值代入到功能函数式,统计失效次数,计算失效次数和总抽样数的比值,从而确定失事概率。

8.2.1.1　基本原理

假设有独立随机变量 $X_1,X_2,\cdots,X_n$,各随机变量的概率密度函数分别为 $f_{X_1},f_{X2},\cdots,f_{X_n}$,功能函数为

$$Z=g(x_1,x_2,\cdots,x_n) \tag{8.1}$$

则此系统的失效概率 P_f 的计算步骤为

①用随机抽样分别获得各变量的抽样值 $x_1,x_2,\cdots,x_n$;

②将抽样值分别代入功能函数计算 Z_i;

③若抽样值总组数为 N,其中有 L 组抽样值对应的功能函数值 $Z_i \leq 0$,则失效概率 $P_f = \dfrac{L}{N}$。

8.2.1.2　随机变量的取样

求已知分布的随机变量的随机数是 Monte Carlo 方法解题的关键,选取的随机数是否具有代表性直接影响模型计算结果的准确性。为保证选取的随机数代表性高,首先应在 $(0,1)$ 上选取均匀分布的伪随机数,然后再通过变换得到给定分布的随机数。

1. 均匀分布的伪随机数

伪随机数的产生方法中,应用最广泛的是 1951 年 Lehmer 提出的线性同余伪随机数生成器(linear congruential pseudo random generator)(朱晓玲、姜浩,2007),它具有统计周期长且稳定的优点。线性同余伪随机数生成器的迭代公式为

$$x_{i+1}=(ax_i+c)(\mathrm{mod}m) \tag{8.2}$$

式中,a、c、、m 均为正整数;mod 为取余算法。式(8.2)表示 ax_i+c 除以 m 后的余数为 x_{i+1}。具体计算时,引入一个取整参数 k_i,令

$$k_i=\mathrm{int}\left(\frac{ax_i+c}{m}\right) \tag{8.3}$$

式(8.2)可以表示为

$$x_{i+1}=ax_i+c-mk_i \tag{8.4}$$

则标准化的伪随机数为

$$u_{i+1}=\frac{x_{i+1}}{m} \tag{8.5}$$

2. 任意给定分布的随机数

已知均匀分布的伪随机数,通过一些变换可以得到任意给定分布的随机数,常用的方法有反函数法、舍选法和变换法(彭奇林,1998;李曙雄、杨振海,2002;张艳红、勇吴,2004;李成杰、裴峥,2009;曾治丽等,2010)。下面简单介绍这 3 种方法,并以此对本章中所涉及的皮尔逊Ⅲ型分布、极值I型分布和瑞利分布进行随机数的选取。

1)反函数法

一般来说,随机变量在选取产生随机数时,其概率分布函数若是已知的,对于绝大多数的概率分布函数来说,其反函数也是较易求出,故反函数法在 3 种求任意分布的随机数方法中最常用。

反函数法的求解步骤为:

①得到[0,1]之间均匀分布的伪随机数 u_i;

②得到随机变量的概率分布函数的反函数 $F^{-1}(x)$;

③将 u_i 代入 $F^{-1}(x)$,得随机变量的随机数 $X_i = F^{-1}(u_i)$。

2)舍选法

随机变量的概率分布函数已知,但反函数很难求出时,反函数法已不适用于此种情况,此时可以采用舍选法。舍选法的基本思路是:已知随机变量的概率密度函数 $f(x)$,如图 8.1 所示,利用均匀分布产生的随机数在矩形 ABCD 中随机取样,取样值若在 $f(x)$ 曲线下,则保留为随机变量的随机数,反之舍去。

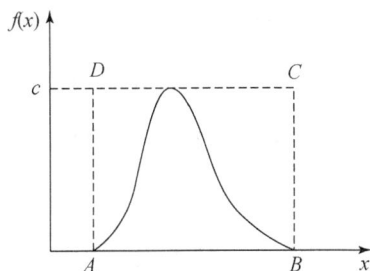

图 8.1　舍选法中随机变量的概率分布函数

舍选法的求解步骤为:

①确定随机变量的取值范围 $[a,b]$、概率密度函数 $f(x)$ 及其最大值 c;

②生成在[0,1]之间均匀分布的随机数 r_1、r_2,令 $x_1 = (b-a)r_1 + a$、$y_1 = cr_1$;

③将 $x_1 = (b-a)r_1 + a$ 代入 $f(x)$ 中,若 $y_1 \leqslant f(x_1)$,则 $X_1 = x_1$,否则舍去 x_1、y_1,重新进行第②步。如此循环,即可产生随机变量的随机数 X_i。

3)变换法

变换法的关键是求出变换式,利用变化式可将一个分布的随机数变为另外一个分布的随机数。Box-Muller 变换式是应用变换法产生正态分布随机数的典型例子(朱晓玲、姜浩,2007),其表达式为

$$\begin{cases} Y_1 = \sqrt{-2\ln(X_1)}\,\sin(2\pi X_2) \\ Y_2 = \sqrt{-2\ln(X_1)}\,\cos(2\pi X_2) \end{cases} \tag{8.6}$$

式中,X_1、X_2 是区间[0,1]内均匀分布的随机数;Y_1、Y_2 是相互独立的符合正态分布的随机数。

4)皮尔逊Ⅲ型分布、极值Ⅰ型分布和瑞利分布的随机数

皮尔逊Ⅲ型分布的概率密度函数已知,但其反函数较难求解,故采用舍选法,计算步骤同舍选法。

极值Ⅰ型分布的概率分布函数已知,且其反函数较易求解,故可用反函数法。其概率分布函数及反函数分别为

$$F(x) = \exp\{-\exp[-\alpha(x-k)]\} \tag{8.7}$$

$$F^{-1}(x) = k - \frac{1}{\alpha}\ln(-\ln x) \tag{8.8}$$

式中,α、k 为常量参数,$\alpha = \dfrac{1.2825}{\sigma_X}$,$k = \overline{X} - 0.45\sigma_X$($\overline{X}$、$\sigma_X$ 分别为随机变量 X 的均值、标准差)。若可产生[0,1]之间均匀分布的随机数 u_i,则极值Ⅰ型分布的随机数 X_i 表示为

$$X_i = \overline{X} - 0.45\sigma_X - 0.7797\sigma_X \ln(-\ln u_i) \tag{8.9}$$

瑞利分布的概率分布函数已知,且其反函数较易求解,故可用反函数法。其概率分布函数及反函数分别为

$$F(x) = 1 - e^{\frac{-x^2}{2\mu^2}} \tag{8.10}$$

$$F^{-1}(x) = \sqrt{-2\mu^2 \ln(1-x)} \tag{8.11}$$

式中,μ 为分布参数,$\mu = \dfrac{\overline{X}}{\sqrt{0.5\pi}} = \dfrac{\sigma_X}{\sqrt{2-0.5\pi}}$。若可产生[0,1]之间均匀分布的随机数 u_i,则瑞利分布的随机数 X_i 表示为

$$X_i = \sqrt{-2\mu^2 \ln(1-u_i)} \tag{8.12}$$

8.2.2　模型概述

1. 汛期各分期漫坝风险率模型

水库漫坝是指坝前洪水位超过坝顶高程造成水流溢流或溃坝。对于土坝,通常可以承受静水压力,而非水流冲刷,若洪水漫过坝顶,溢流会冲坏坝顶,最后可能导致溃坝。因此,对于土坝水库而言,绝不允许洪水漫顶。本章考虑土坝水库漫顶即会溃坝情况下的失事概率,对于极少数土坝漫顶不会造成溃坝的情况不予考虑。

假设 D 为坝顶高程,Z 为坝前水位,则土坝水库的漫坝事件可以表示为

$$Z \geqslant D \tag{8.13}$$

坝前水位 Z 主要由洪水作用引起的坝前最高水位 Z_m 和风浪作用引起的水位增量 Z_W 组成,其中 Z_W 包括水面风壅高度 e 和波浪爬高 R_p,则漫坝风险率 P_f 可表示为

$$P_f = P(Z \geqslant D) = P(Z_m + Z_W \geqslant D) = P(Z_m + e + R_P \geqslant D) \qquad (8.14)$$

由式(8.14)可知,若采用 Monte Carlo 方法求解漫坝概率 P_f,则必须确定洪水和风浪对坝前水位的影响。

2. 全汛期组合漫坝风险率模型

汛期在不分期时,计算的水库汛期漫坝风险率可以反映"年"的意义,这与重现期的概念可以一一对应;汛期分期后,每一分期的洪水漫坝风险可由汛期分期防洪风险率模型求出,但其无法体现"年"的意义,故各汛期的漫坝风险率必须组合成全汛期的漫坝风险率。

设试验 E 的样本空间为 S,A 为 E 的一种可能事件,B_1,B_2,$\cdots$,B_n 为 S 的一个划分,即 B_1,B_2,$\cdots$,B_n 之间相互独立且并集为 S,且 $P(B_i) > 0 (i = 1, 2, \cdots, n)$,则全概率公式可表示为

$$P(A) = P(A|B_1)P(B_1) + P(A|B_2)P(B_2) + \cdots + P(A|B_i)P(B_i) \qquad (8.15)$$

计算全汛期组合漫坝风险率时,可以把汛期的洪水看作试验 E,汛期的全部洪水系列看作样本空间 S,汛期洪水漫坝看作可能事件 A,汛期分为 n 期看作 S 的一个划分 B_1,B_2,$\cdots$,B_n,则 $P(B_i)$ 表示洪水出现在第 i 个分期的概率,$P(A|B_i)$ 表示第 i 个分期出现的洪水漫坝风险率,全汛期组合漫坝风险率 $P(A)$ 即可用式(8.15)表示。

年最大洪水是来自洪水的样本,其分布规律一定程度上可以反映总体洪水系列的分布规律,故洪水出现在第 i 个分期的概率 $P(B_i)$ 可以用年最大洪水出现在第 i 个分期的概率表示。第 i 个分期的洪水漫坝风险率 $P(A|B_i)$ 可以用汛期分期漫坝风险率模型求解。

8.2.3　洪水对坝前水位的影响

洪水对坝前水位的影响可以用洪水作用引起的坝前最高水位表示,坝前最高水位应通过调洪演算求解,而调洪演算是根据已知的洪水过程和水库的调度规则推求未知的下泄流量曲线和坝前最高水位。在汛期分期的情况下,首先应进行各分期洪水特征的分析,获得各期洪水频率曲线,确定各分期各种频率的洪水过程,然后根据水库的调洪规则进行调洪演算,确定坝前最高水位。

对于设有溢洪道的水库,溢洪道的类型一般可以分为有闸和无闸两种。在汛期的调度规则不一样时,水库调洪演算的结果也不一样。本章主要介绍水库溢洪道无闸或者虽设溢洪道但闸门全开的调度方式的调洪演算计算方法。

1. 水库调洪计算原理

水库的调洪演算必须保证水量平衡和动力平衡,这两种平衡分别用水量平衡方程、水库蓄泄方程或水库蓄泄曲线表示。根据已知的洪水过程线,从起始时段开始,逐段求解以上两个方程,最终得到出库流量过程,这就是水库调洪演算的原理。

水库的水量平衡即在一段时间内入库水量减去出库水量等于水库增加的水量,如图 8.2 所示,水量平衡方程表示为

$$\left(\frac{Q_1 + Q_2}{2} - \frac{q_1 + q_2}{2} \right) \Delta t = V_2 - V_1 \qquad (8.16)$$

式中,Δt 为计算时段,s;Q_1、Q_2 为时段 Δt 初始和结束的入库流量 m^3/s;q_1、q_2 为时段 Δt 初始

和结束的出库流量，m^3/s；V_1、V_2 为时段 Δt 初始和结束的库容，m^3。

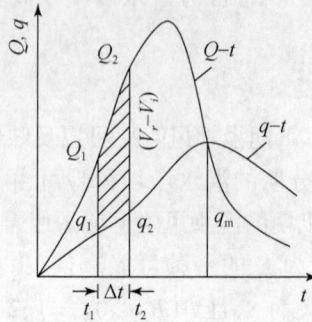

图 8.2　水库调洪演算示意图

水库蓄泄方程表示的是水库水位和相应下泄流量之间的关系，对于一个具体的水库，若不考虑库容淤积等不确定性因素，其水库蓄泄方程或水库蓄泄曲线可以认为是不变的。

2. 水库调洪计算方法

由图 8.3 可知，水库在调洪的过程中，当下泄流量为最大下泄流量 q_m 时，水库增加的蓄水量达到最多，相应增加的库容为调洪库容 $V_{洪}$，此时水库的水位应该是最大坝前水位 Z_m，水库漫坝的风险此时也达到最大。事实上，计算水库漫坝风险率时，进行水库调洪演算只需求得坝前最高水位 Z_m，而坝前最高水位 Z_m 和水库的调洪库容 $V_{洪}$ 及最大下泄流量 q_m 的关系是一一对应的，所以寻找一种简易方法求解水库的调洪库容 $V_{洪}$ 及最大下泄流量 q_m 很有必要。

常用的调洪演算计算方法有试算法、图解法和简化三角形法等。试算法主要是根据水量平衡方程和水库蓄泄曲线列表解算各时段末的库容和下泄流量，从而得到下泄流量曲线 q-t，若入库洪水过程线 Q-t 与交点恰好为计算的 q_m，则可以继续推求最高坝前水位 Z_m。半图解法是利用变换后的水库蓄泄方程作辅助线，结合变化后的水量平衡方程推求每一固定时段的下泄流量 q，从而得到下泄流量曲线 q-t。简化三角形法是将入库洪水过程线概化为三角形，然后经过简单的推算即可得到调洪库容 $V_{洪}$、最大下泄流量 q_m 和最高坝前水位 Z_m。试算法适用范围广但计算复杂，半图解法只适用于自由泄流和推算时间间隔固定的情况，这两种方法均需明确知道入库洪水过程线 Q-t。简化三角形法可以将以上过程进行简化，只需知道入库洪水的洪峰流量和持续时间即可推求下泄流量过程的最大下泄流量 q_m 和最高坝前水位 Z_m。

调洪演算的目的是求最高坝前水位 Z_m，对于求解出具体的下泄流量曲 q-t 并不作要求，若调洪演算采用试算法或者半图解法无疑加大了工作量，故本章拟采用简化三角形法进行调洪演算。

简化三角形法在进行无闸溢洪道的水库多方案比选时应用较多，能够很简单地计算出水库的最大下泄流量 q_m 和最高坝前水位 Z_m。该方法假定入库洪水过程线 Q-t 可以概化为三角形，下泄流量过程线 q-t 的上涨段也近似简化为直线，如图 8.3 所示。

由图 8.4 可知，调洪库容 $V_{洪}$ 可以表示为

$$V_{洪} = \frac{Q_m T}{2} - \frac{q_m T}{2} = \frac{Q_m T}{2}\left(1 - \frac{q_m}{Q_m}\right) = W\left(1 - \frac{q_m}{Q_m}\right) \tag{8.17}$$

式中,Q_m、q_m 分别表示入库洪水洪峰流量和水库调洪最大下泄流量;T 表示调洪过程的总历时;W 表示入库洪水的洪量,$W=\dfrac{Q_mT}{2}$。

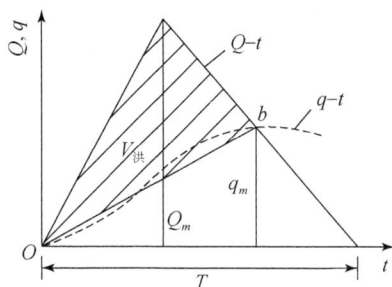

图 8.3　简化三角形法

调洪演算的求解可用式(8.22)与水库的蓄泄曲线相结合,得到水库的调洪库 $V_{洪}$ 容及最大下泄流量 q_m,如图 8.4 所示。图中横坐标为下泄流量 q,纵坐标为水库库容 V,水库蓄泄曲线 q-V 的原点代表的是汛限水位对应的库容 V 和下泄流量 q,AB 直线代表的是式(8.22),两线的交点即为所求的 $V_{洪}$ 和 q_m。

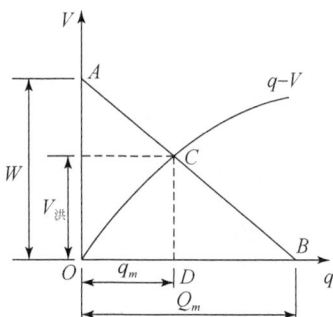

图 8.4　简化三角形法图解示意图

根据所求的水库的调洪库容 $V_{洪}$ 和 Z-V 曲线(水位–库容关系曲线),即可得到洪水作用下的坝前最高水位 Z_m。

8.2.4　风浪对坝前水位的影响

风浪对坝前水位的影响可以用水面风壅高度 e 和波浪爬高 R_P 表示,其中水面风壅高度 e 和风速均符合极值 I 型分布,波浪爬高 R_P 和浪高均符合瑞利分布。

1. 水面风壅高度

根据《碾压式土石坝设计规范》(水利电力部门,1985),风壅高度可表示为

$$e=KW^2D\cos\beta/(2gH) \tag{8.18}$$

式中,K 为综合摩阻系数,取 3.6×10^{-6};W 为水面上 10m 处的风速,m/s;D 为水库吹程,m;H

为平均水深，m；β 为风向和水面的夹角，一般取安全值 $0°$。

一定时段最大风速一般符合极值 I 型分布，其分布函数和概率密度函数为

$$\begin{cases} F(x) = \exp\{-\exp[-(x-\mu)/\alpha]\} \\ f(x) = \left(\dfrac{1}{\alpha}\right) \exp[-(x-\mu)/\alpha] \exp\{-\exp[-(x-\mu)/\alpha]\} \end{cases} \quad (8.19)$$

式中，α、μ 为分布参数，与最大风速的均值 m_X、标准差 σ_X 有如下关系

$$\begin{cases} m_X = 0.5772\alpha + \mu \\ \sigma_X = 1.2825\alpha \end{cases} \quad (8.20)$$

水面风壅高度 e 与最大风速的分布相同，为极值I型分布。一定时段最大风速的均值 m_X 和标准差 σ_X 可由统计资料求得，其与水面风壅高度 e 的均值 $\bar{e}$ 和标准差 σ_e 有如下关系为

$$\begin{cases} \bar{e} = \dfrac{K\,\overline{W}^2 D}{2gH} \\ \sigma_e = \dfrac{K\,\overline{W}\sigma_W D}{gH} \end{cases} \quad (8.21)$$

式中，$\overline{W}$ 为水面上 10m 处有效风速的均值，m/s；σ_W 为水面上 10m 处有效风速的标准差，m/s。

2. 波浪爬高

波浪爬高 R_P 和浪高均符合瑞利分布，其分布函数和概率密度函数为

$$\begin{cases} F(x) = 1 - e^{-\frac{x^2}{2\mu^2}} \\ f(x) = \left(\dfrac{x}{\mu^2}\right) e^{-\frac{x^2}{2\mu^2}} \end{cases} \quad (8.22)$$

式中，μ 为分布系数，其与波浪爬高的均值 m_X、标准差 σ_X 有如下关系

$$\begin{cases} m_X = \sqrt{\dfrac{\pi}{2}}\,\mu \\ \sigma_X = \sqrt{\dfrac{4-\pi}{2}}\,\mu \end{cases} \quad (8.23)$$

根据《碾压式土石坝设计规范》，波浪爬高 R_P 的均值表示为

$$R_P = K_\Delta K_W \sqrt{R\,\bar{\lambda}} / \sqrt{1+m^2} \quad (8.24)$$

其中

$$\begin{cases} \overline{R} = R/1.71 \\ R = 0.0166 W^{1.25} D^{0.2} \\ \bar{\lambda} = 0.389 W D^{0.2} \end{cases} \quad (8.25)$$

式中，K_Δ 表示斜坡的糙率渗透性系数；K_W 为经验系数，取无量纲的 $\dfrac{W}{gH}$ 计算值；W 为水面上 10m 处的风速，m/s；D 为水库吹程，m；H 为平均水深，m；m 表示斜坡的坡度系数；R、$\overline{R}$ 表示波浪高度和波浪高度均值，m；$\bar{\lambda}$ 表示波浪的平均波长，m。

将式(8.23)～式(8.35)联合求解,即可得到分布系数 μ、波浪爬高的均值 m_X 和标准差 σ_X。

8.2.5　模型求解

全汛期组合漫坝风险率是以各分期的漫坝风险率为基础数据,通过全概率公式组合计算得到。下面主要介绍水库汛期各分期的漫坝风险率模型的求解过程。

第一步,用分期最大值法对多年的洪水系列进行取样,分析得到各分期水文变量的皮尔逊Ⅲ型概率密度函数、均值 $\bar{x}$、变差系数 C_v 和偏态系数 C_s;

第二步,对各分期已知分布的洪峰和洪量进行大量随机取样,首先产生 $[0,1]$ 区间上的均匀分布的伪随机数,然后用舍选法得到大量的各分期水文变量数据。取样后,根据水库调度规则进行调洪演算,得到大量不同取样组合下的洪水作用下的坝前最高水位 Z_m;

第三步,建立功能函数

$$Z=D-(Z_m+e+R_P) \tag{8.26}$$

式中,D 表示坝顶高程,为定值;Z_m 表示洪水作用下的坝前最高水位,可由第二步得到大量随机值;e、R_P 分别表示风浪作用下水面壅高和波浪爬高,可根据其分布进行大量随机抽样;

第四步,由前两步可得到 N 组 Z_m、e、R_P 的随机样本,根据 Monte Carlo 方法基本原理,将样本代入式(8.26)中可得到 N 个功能函数值,记其中小于等于 0 的总个数为 L,则各分期的漫坝风险率为

$$P_{fi}=P\left[D-(Z_{mi}+e+R_P)\right] \leqslant 0 \right]=\frac{L_i}{N_i} \tag{8.27}$$

式中,P_{fi} 表示汛期第 i 分期的漫坝风险率;Z_{mi} 表示汛期第 i 分期的洪水作用下的坝前最高水位;N_i 表示汛期第 i 分期用 Monte Carlo 方法得到的功能函数值的个数;L_i 表示汛期第 i 分期 N_i 个功能函数值中小于等于 0 的总个数;

第五步,选取多年洪水资料的年最大洪水样本,分析样本出现在汛期各分期的概率,记为 P_i,则全汛期的组合漫坝风险率可用全概率公式式(8.15)计算。

8.3　水库汛期分期危险度模型与等级划分

8.3.1　危险度模型

危险度被引入到水库防洪安全评价领域的时间尚短,目前能广泛应用的危险度模型很少,比较有代表性的有莫崇勋(莫崇勋等,2010)提出的一种漫坝危险度赋值模型,其表达式为

$$H=\begin{cases} 1 & P_{\max}<P \\ \dfrac{P-P_{\min}}{P_{\max}-P_{\min}} & P_{\min} \leqslant P \leqslant P_{\max} \\ 0 & P<P_{\min} \end{cases} \tag{8.28}$$

式中，H 表示漫坝危险度，取值范围 $[0,1]$；P 表示漫坝风险率；P_{min} 和 P_{max} 分别表示漫坝风险率的最小允许值和最大允许值，P_{min} 可取社会公众可接受的漫坝风险率值 10^{-6}，P_{max} 可取水库校核洪水所对应的频率。这种赋值函数计算简便且具有一定科学性，但是在进行等级划分时难以有确定的标准。

在危险度模型中，危险度的取值要求在 $[0,1]$，而利用归一化函数可以实现这一要求，且等级划分标准可以根据社会公众可接受的漫坝风险率、社会公众可容忍的漫坝风险率、水库大坝风险的校核标准和防洪设计标准来确定。本章拟采用的漫坝风险率归一化函数为

$$y = a(\lg x)^b \tag{8.29}$$

式中，a、b 均为大于 0 的参数，取值依据漫坝风险率的取值范围。

漫坝风险率的取值范围可根据四个重要的特征值确定，这四个特征值分别是社会公众可接受的漫坝风险率 $P_{社接}$、社会公众可容忍的漫坝风险率 $P_{社容}$、水库大坝风险的校核标准 $P_{校核}$ 和防洪设计标准 $P_{设计}$。一般情况下，社会公众可接受的漫坝风险率 $P_{社接}$ 为 10^{-6}，社会公众可容忍的漫坝风险率 $P_{社容}$ 是 $P_{社接}$ 的 10 倍，取为 10^{-5}，而水库大坝的校核标准 $P_{校核}$ 和防洪设计标准 $P_{设计}$ 需根据实际情况确定。漫坝风险率在 $P_{社接}$ 以下时，社会公众可以接受，漫坝概率很小，危险度近乎为 0；漫坝风险率在 $P_{社接}$ 和 $P_{社容}$ 之间时，社会公众可以容忍，为低度危险；漫坝风险率在 $P_{社容}$ 和 $P_{校核}$ 之间时，失事概率接近校核标准，为中度危险；漫坝风险率在 $P_{校核}$ 和 $P_{设计}$ 之间时，失事概率超过校核标准，接近防洪设计标准，为高度危险；漫坝风险率大于 $P_{设计}$ 时，水库大坝极可能会失事，为极高危险。因此，$P_{社接}$ 可为漫坝风险率的下限值，而为体现漫坝风险率超过 $P_{设计}$ 并不一定会造成大坝失事，只能说明有极高危险，漫坝风险率的上限值取为 10 倍的 $P_{设计}$，故漫坝风险率的取值范围为 $[P_{社接}, 10P_{设计}]$。

根据漫坝风险率的取值范围可知，式(8.34)需满足两个条件：①当漫坝风险率取 $P_{社接}$ 时，归一化函数值为 0；②当漫坝风险率为 $10P_{设计}$ 时，归一化函数值为 1。为避免计算有负号的影响，式(8.29)变换为

$$y = a\left[\lg\left(\frac{x}{P_{社接}}\right)\right]^b \tag{8.30}$$

由需满足的两个条件得

$$a = \left[\frac{1}{\lg\left(\dfrac{10P_{设计}}{P_{社接}}\right)}\right]^b \tag{8.31}$$

则漫坝危险度模型表示为

$$H = \begin{cases} 0 & P < P_{社接} \\[3mm] \left[\dfrac{\lg\left(\dfrac{P}{P_{社接}}\right)}{\lg\left(\dfrac{10P_{设计}}{P_{社接}}\right)}\right]^b & P_{社接} \leq P \leq 10P_{设计} \\[6mm] 1 & P > 10P_{设计} \end{cases} \tag{8.32}$$

式中，H 表示漫坝危险度；P 表示漫坝风险率；$P_{社接}$ 表示社会公众可接受的漫坝风险率，一般取为 10^{-6}；$P_{设计}$ 表示水库大坝的防洪设计标准，需根据实际工程情况确定；b 为参数。此处以

本章实例澄碧河水库的防洪设计标准 1000 年一遇为例,$P_{设计}$取为10^{-3},则在本章实例研究中,漫坝危险度模型可表示为

$$H=\begin{cases}0 & P<10^{-6}\\ \left[\dfrac{\lg(P\times10^{6})}{4}\right]^{b} & 10^{-6}\leqslant P\leqslant10^{-2}\\ 1 & P>10^{-2}\end{cases}\qquad(8.33)$$

式(8.38)中参数 b 取值可根据 4 个漫坝风险率的分界值确定,分别给 b 赋值 0.10、0.20、0.30、0.40、0.50、0.60、0.70、0.80、0.90、1.00,可以得到一组漫坝危险度值,见表 8.1。

表 8.1　参数 b 不同取值下的漫坝危险度(防洪设计标准为 1000 年一遇)

漫坝风险率/10^{-6}	0.10	0.20	0.30	0.40	0.50	0.60	0.70	0.80	0.90	1.00
1	0.00	0.00	0.00	0.00	0.00	0.00	0.00	0.00	0.00	0.00
10	0.87	0.76	0.66	0.57	0.48	0.44	0.38	0.33	0.29	0.25
100	0.93	0.87	0.81	0.76	0.70	0.66	0.62	0.57	0.54	0.50
1000	0.97	0.94	0.92	0.89	0.86	0.84	0.82	0.79	0.77	0.75
10000	1.00	1.00	1.00	1.00	1.00	1.00	1.00	1.00	1.00	1.00

实例研究中,漫坝风险率的 4 个特征值中社会公众可接受的漫坝风险率取为10^{-6}、社会公众可容忍的漫坝风险率取为10^{-5}、水库大坝风险的校核设计标准取为10^{-4}和校核标准取为10^{-3},为使等级划分合理且能体现不同的严重程度,对应的漫坝危险度宜分别在 0.00、0.30、0.50、0.80 左右。由表 8.1 知,$b=0.80$ 时,漫坝风险率10^{-5}对应的危险度为 0.33,漫坝风险率10^{-4}对应的危险度为 0.57,漫坝风险度10^{-3}对应的危险度为 0.79,比较符合漫坝危险度等级划分标准的要求。因此,大坝防洪标准为 1000 年一遇时,漫坝危险度模型最终确定为

$$H=\begin{cases}0 & P<10^{-6}\\ \left[\dfrac{\lg(P\times10^{6})}{4}\right]^{0.8} & 10^{-6}\leqslant P\leqslant10^{-2}\\ 1 & P>10^{-2}\end{cases}\qquad(8.34)$$

式(8.34)是大坝防洪设计标准为 1000 年一遇时推算出来的漫坝危险度模型,对于其他实际工程中大坝防洪标准不同的情况,可以根据以上推导方法通过确定参数 b 得到相应的漫坝危险度模型。

8.3.2　危险度等级划分

在自然灾害学的研究中,一般以 0.2 为步长将危险度取值范围 [0,1] 分为 5 个区间,分别对应于极低危险、低度危险、中度危险、高度危险和极高危险 5 个等级。本章根据漫坝危险度模型和漫坝风险率的 4 个重要特征值——社会公众可接受的漫坝风险率、社会公众可容忍的漫坝风险率、水库大坝风险的校核标准和防洪设计标准(以实例澄碧河水库的防洪设计标准 1000 年一遇为例)——确定漫坝危险度的等级划分标准分别为 0.00、0.33、0.57 和 0.79。具体的分级标准及指导意义见表 8.2。

表 8.2　漫坝危险度的分级标准及指导意义

危险度 H	分级	含义	指导意义
0.00 ~ 0.33	低度危险	各漫坝因子取值稍小,组合欠佳,漫坝风险率在公众可容忍范围内	防洪为主,治理为辅
0.33 ~ 0.57	中度危险	各漫坝因子取值稍大,组合尚可,漫坝风险率不超过水库大坝的校核标准	防洪与治理并重
0.57 ~ 0.79	高度危险	各漫坝因子取值较大,组合值大,处境严峻,漫坝风险率不超过水库大坝的防洪设计标准,但超过校核标准	治理为主,防洪为辅
0.79 ~ 1.00	极高危险	各漫坝因子取值极大,组合值很大,处境严峻,漫坝风险率已经超过水库大坝的防洪设计标准	可放弃防洪与治理

8.3.3　危险度评价

根据表 8.2 可知,漫坝危险度分为 4 个等级,一般而言,土坝水库的漫坝风险率应该控制在不超过校核标准的范围内,漫坝危险度在中度危险以下,对于防洪设计标准为 1000 年一遇的水库大坝而言,即漫坝危险度在中度危险 0.57 以下,此时发生漫坝的概率一般,防治原则为防治并重,可保证水库防洪安全。

若计算出的漫坝危险度比 0.57 大,那么可以认定该土坝水库的漫坝发生概率很高,应进行防洪除险加固,检验合格方能运行。

8.4　工程应用实践

8.4.1　风险率计算

8.4.1.1　汛期各分期入库洪水的分布

根据本章前面章节的研究成果,澄碧河水库汛期分为前汛期(4 ~ 5 月)、主汛期(6 ~ 8 月)和后汛期(9 ~ 10 月)。通过对水库 1963 ~ 2014 年 52 年的汛期最大洪峰流量系列进行分析,确定入库洪水洪峰的概率密度函数,结果见表 8.3。

表 8.3　澄碧河水库入库洪水各分期洪水洪峰的分布

汛期分期	均值 $\bar{x}/(\mathrm{m^3/s})$	C_v	C_s	概率密度函数 $f(x)$
前汛期	467	0.79	2.66	$f(Q_m)_{前}=0.019129(Q_m-190)^{-0.434677}e^{-0.002038(Q_m-190)}$
主汛期	952	0.78	2.55	$f(Q_m)_{主}=0.010143(Q_m-370)^{-0.384852}e^{-0.001056(Q_m-370)}$
后汛期	547	0.80	2.84	$f(Q_m)_{后}=0.023047(Q_m-239)^{-0.504067}e^{-0.001609(Q_m-239)}$

8.4.1.2　汛期各分期洪水作用下的坝前水位

1. 汛期各分期入库洪水的模拟

澄碧河水库的各分期入库洪水符合皮尔逊Ⅲ型分布,可用 Monte Carlo 方法模拟大量随机洪水,其主要过程为:①用线性同余伪随机数生成器产生[0,1]之间均匀分布的伪随机数 u_i;②确定各分期的洪峰流量的取值范围 $[a,b]$、概率密度函数 $f(x)$ 及 $f(x)$ 的最大值;③用舍选法计算得到汛期各分期洪峰流量的各 20 万抽样数据。

本节以主汛期入库洪水的模拟为例,介绍 Monte Carlo 方法中具体的随机模拟过程。

1)确定参数 a、b、c 的值

澄碧河水库的设计洪水是 1000 年一遇,校核洪水是 10000 年一遇,根据主汛期洪水洪峰流量 Q_m 的概率分布函数可知主汛期 10000 年一遇洪水洪峰流量为 7937m³/s,故主汛期的洪峰流量 Q_m 的上限值取为 7937m³/s,即 $b=7937$。根据任意随机变量的概率密度函数均具有 $f(x) \geqslant 0$ 的性质,得到主汛期的洪峰流量 $Q_m \geqslant 370$,而底数不可为 0,知主汛期的洪峰流量 $Q_m \geqslant 370$,为和洪峰流量的取值范围 $[a,b]$ 闭区间相匹配,并保证内区间内洪峰流量发生的总概率不小于 95%,拟将主汛期的洪峰流量 Q_m 的下限值取为 371m³/s,即 $a=371$,此时闭区间 $[371,7937]$ 所包含的总概率为 98%,满足取值要求。概率分布函数 $f(x)$ 在闭区间 $[371,7937]$ 上为一个递减函数,其最大值为 Q_m 取 371m³/s 时对应的函数值,即 $c=f(x)_{max}=0.01$。

2)产生[0,1]之间均匀分布的随机数

根据线性同余的迭代公式,利用计算机 C++程序进行编程计算,得到[0,1]之间均匀分布的 20 万个伪随机数。因 C++程序运行得到的 20 万个[0,1]伪随机数数量过多,此处仅截取结果文件中的前 20 个和末 20 个伪随机数,如图 8.5 所示。

图 8.5　20 万个[0,1]伪随机数中前末各 20 个

3)产生主汛期洪峰流量的随机数

主汛期洪峰流量服从皮尔逊Ⅲ型分布,其概率分布函数见表 8.3,根据舍选法计算原理,利用 C++程序进行编程计算,可得到 20 万个不同的主汛期洪峰流量。因 C++程序运行得到的 20 万个主汛期洪峰流量的随机数数量过多,此处仅截取结果文件中的前 20 个和末 20 个随机数,如图 8.6 所示。

以上为主汛期洪峰流量的随机模拟过程,前汛期和后汛期均可用同样的方法得到各期的 20 万个随机数。前汛期的 20 万个洪峰流量随机数中前 20 个和末 20 个如图 8.7 所示,后

图 8.6　20 万个主汛期洪峰流量随机数中前末各 20 个

汛期的 20 万个洪峰流量随机数中前 20 个和末 20 个如图 8.8 所示。

图 8.7　20 万个前汛期洪峰流量随机数中前末各 20 个

图 8.8　20 万个后汛期洪峰流量随机数中前末各 20 个

2. 汛期各分期入库洪水对坝前水位的影响

当水库大坝的坝前水位达到最大时,其对洪水的调洪能力最弱,此时发生漫顶溃坝的概率最大,因此求解洪水作用下的坝前最高水位 $Z_m Z_m$ 是关键。根据水库的调度规则,入库洪水作用下的坝前最高水位 Z_m 可通过调洪演算求得,其基本原理见 8.2.3 节。根据水库汛期各分期的漫坝风险率模型的求解步骤,以模拟出的各分期各 20 万个入库洪水水文变量的随机样本为基础数据,以 Monte Carlo 法为求解方法,结合计算机 C++程序编程得到相应的各分期各 20 万个坝前最高水位 Z_m。此处以主汛期的漫坝风险率计算为例,根据澄碧河水库的统计资料和已有研究成果,主汛期的汛限水位采用推荐的 185.00m,则程序运行可得到主汛期在 185.00m 起调情况下的 20 万个坝前最高水位 Z_m,其中前末各 20 个成果如图 8.9 所示。

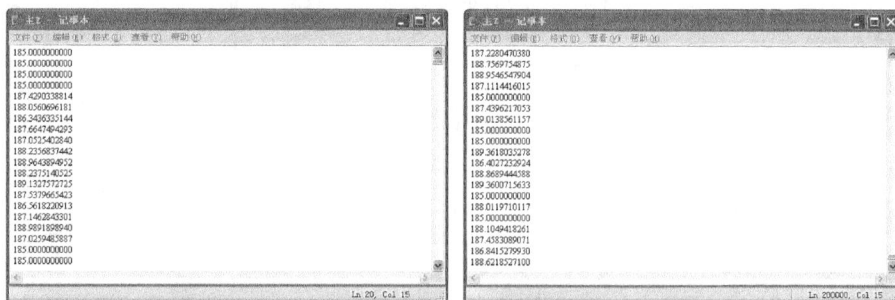

图 8.9　20 万个主汛期坝前最高水位中前末各 20 个

　　根据澄碧河水库的统计资料和已有研究成果,前汛期的汛限水位采用推荐的 185.00m,后汛期的汛限水位采用推荐的 185.00～188.50m,计算前汛期和后汛期漫坝风险率的方法同主汛期。

　　程序运行可得到前汛期在 185.00m 起调情况下的 20 万个坝前最高水位 Z_m 和后汛期在 185.00、185.50m、186.00m、186.50m、187.00m、187.50m、188.00m、188.50m 8 种不同起调水位情况下的 20 万个坝前最高水位 Z_m。因此,由模型可求解出汛期各分期各 20 万个洪水作用下的坝前最高水位 Z_m。

　　汛期各分期的前 20 个成果详见表 8.4 和表 8.5。

表 8.4　澄碧河水库前汛期和主汛期 20 万个坝前最高水位的前 20 个

序号	前汛期		主汛期	
	洪峰流量/(m³/s)	坝前最高水位 Z_m/m	洪峰流量/(m³/s)	坝前最高水位 Z_m/m
1	191.00	185.00	371.00	185.00
2	191.01	185.00	371.02	185.00
3	191.93	185.00	372.83	185.00
4	284.80	185.00	556.15	185.00
5	1998.43	186.31	3938.70	187.43
6	2590.35	186.66	5107.10	188.06
7	1045.97	185.00	2058.63	186.34
8	2216.91	186.44	4369.96	187.66
9	1658.62	185.00	3267.95	187.05
10	2766.63	186.76	5455.06	188.24
11	3518.21	187.19	6938.62	188.96
12	2768.44	186.76	5458.63	188.24
13	3701.33	187.30	7300.09	189.13
14	2098.82	186.37	4136.87	187.54

序号	前汛期		主汛期	
	洪峰流量/(m³/s)	坝前最高水位 Z_m/m	洪峰流量/(m³/s)	坝前最高水位 Z_m/m
15	1231.02	185.00	2423.91	186.56
16	1742.23	185.00	3432.98	187.15
17	3544.94	187.21	6991.38	188.99
18	1635.02	185.00	3221.37	187.03
19	383.08	185.00	750.15	185.00
20	425.92	185.00	834.71	185.00

表 8.5　澄碧河水库后汛期 20 万个坝前最高水位的前 20 个

序号	洪峰流量/(m³/s)	后汛期不同起调水位下的坝前最高水位 Z_m/m							
		185.00	185.50	186.00	186.50	187.00	187.50	188.00	188.50
1	240.00	185.00	185.50	186.00	186.50	187.00	187.50	188.00	188.50
2	240.01	185.00	185.50	186.00	186.50	187.00	187.50	188.00	188.50
3	241.14	185.00	185.50	186.00	186.50	187.00	187.50	188.00	188.50
4	354.82	185.00	185.50	186.00	186.50	187.00	187.50	188.00	188.50
5	2452.49	186.58	186.95	187.41	187.73	187.00	187.50	188.00	188.50
6	3177.06	187.00	187.36	187.76	188.07	188.44	188.78	189.11	188.50
7	1286.57	185.00	185.50	186.00	186.50	187.00	187.50	188.00	188.50
8	2719.93	186.74	187.10	187.54	187.85	188.25	187.50	188.00	188.50
9	2036.52	186.33	186.71	186.00	186.50	187.00	187.50	188.00	188.50
10	3392.84	187.12	187.48	187.87	188.17	188.53	188.86	189.18	189.54
11	4312.86	187.63	187.97	188.30	188.58	188.90	189.20	189.48	189.80
12	3395.06	187.12	187.48	187.87	188.17	188.53	188.86	189.18	189.54
13	4537.02	187.75	188.09	188.40	188.68	188.98	189.28	189.55	189.86
14	2575.38	186.65	187.02	187.47	187.78	188.19	187.50	188.00	188.50
15	1513.10	185.00	185.50	186.00	186.50	187.00	187.50	188.00	188.50
16	2138.87	186.39	186.77	186.00	186.50	187.00	187.50	188.00	188.50
17	4345.58	187.65	187.99	188.31	188.59	188.91	189.21	189.49	189.81
18	2007.63	186.31	186.69	186.00	186.50	187.00	187.50	188.00	188.50
19	475.12	185.00	185.50	186.00	186.50	187.00	187.50	188.00	188.50
20	527.57	185.00	185.50	186.00	186.50	187.00	187.50	188.00	188.50

8.4.1.3　汛期各分期风浪作用下的坝前水位

1. 水面风壅高度的随机模拟

根据已有的澄碧河水库风浪统计资料,可知汛期全方位最大风速的均值和标准差分别为: $m_X = 5.40\text{m/s}$, $\sigma_X = 1.46\text{m/s}$,水面风壅高度的均值 $\bar{e} = 0.071\text{m}$。根据《水工计算手册》的换算公式,可得澄碧河水库库水面以上10m有效风速的均值和标准差分别为: $\bar{W} = 6.25\text{m/s}$, $\sigma_W = 1.97\text{m/s}$。根据式(8.23)可知,$K$ 为综合摩阻系数,取 3.6×10^{-6}。故将 $\bar{e}$、$\bar{W}$、σ_W 和 K 值分别带入式(8.26),即可得水面风壅高度 e 的均值和标准差分别为: $\bar{e} = 0.071\text{m}$, $\sigma_e = 0.045\text{m}$。

在进行水面风壅高度 e 的随机模拟时,首先应产生 $[0,1]$ 上均匀分布的伪随机数 u_i,然后根据水面风壅高度 e 服从极值I型分布推导出相应的随机数 X_i,由反函数法可知,服从极值I型分布的随机变量的随机数产生公式为式(8.9),故水面风壅高度 e 的随机数产生公式为

$$X_i = \bar{e} - 0.45\sigma_e - 0.7797\sigma_e\ln(-\ln u_i) \tag{8.35}$$

将 $\bar{e} = 0.065\text{m}$, $\sigma_e = 0.035\text{m}$ 分别代入,可得

$$X_i = 0.05075 - 0.03509\ln(-\ln u_i) \tag{8.36}$$

根据式(8.41)和8.4.2节模拟出的 $[0,1]$ 上均匀分布的20万个伪随机数 u_i,利用计算机C++编程,可得到相应20万个澄碧河水库汛期水面风壅高度 e 的随机模拟值。程序运行可得到汛期水面风壅高度 e 的20万个随机模拟值,此处截取前20个和末20个为例,如图8.10所示。

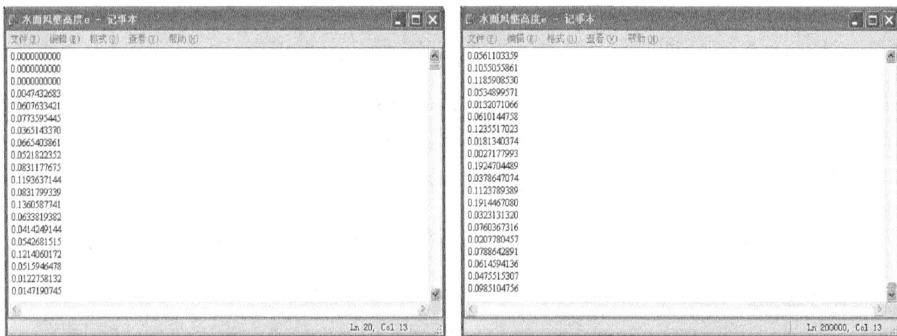

图8.10　20万个汛期水面风壅高度 e 随机数中前末各20个

2. 波浪爬高的随机模拟

波浪爬高 R_P 服从瑞利分布,根据已有资料和研究成果可知,澄碧河水库的波浪爬高均值和标准差分别为: $m_X = 0.315\text{m}$, $\sigma_X = 0.165\text{m}$,代入式(8.28)可得波浪爬高的分布系数为: $\mu^2 = 0.0634$,则波浪爬高 R_P 的概率分布函数 $F(x)$ 及其反函数 $F(x)^{-1}$ 分别为

$$F(x) = 1 - e^{-7.8864x^2} \tag{8.37}$$

$$F^{-1}(x) = \sqrt{-0.1268\ln(1-x)} \tag{8.38}$$

因瑞利分布的随机数产生可采用反函数法,故澄碧河水库的波浪爬高的随机数可直接

由式(8.43)产生。根据8.2.1节中反函数法的应用原理,首先产生[0,1]上均匀分布的伪随机数 u_i,然后将伪随机数 u_i 替换式(8.43)中的 x,所求得的值即为波浪爬高服从瑞利分布的随机数 X_i

$$X_i = \sqrt{-0.1268\ln(1-u_i)} \tag{8.39}$$

根据式(8.44)和8.4.2节模拟出的[0,1]上均匀分布的20万个伪随机数 u_i,利用计算机 C++编程,可得到相应20万个澄碧河水库汛期波浪爬高 R_p 的随机模拟值。程序运行可得到汛期波浪爬高 R_p 的20万个随机模拟值,此处截取前20个和末20个为例,如图8.11所示。

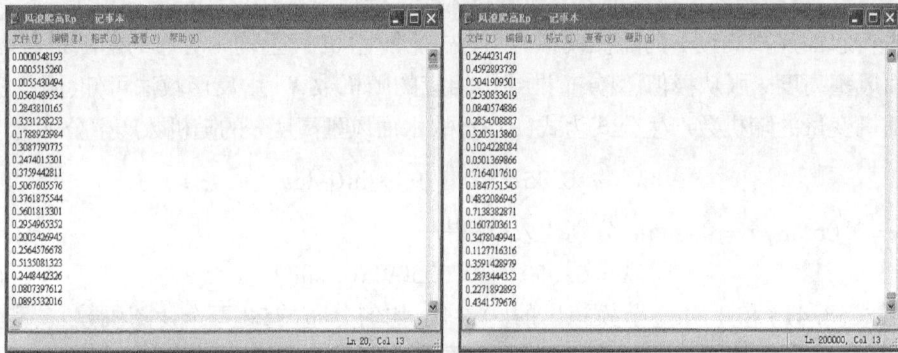

图8.11　20万个汛期波浪爬高 R_p 随机数中前末各20个

8.4.1.4　汛期各分期的漫坝风险率

8.2.2可知,汛期各分期的漫坝风险率 P_f 可用式(8.14)表示

$$P_f = P(Z \geqslant D) = P(Z_m + Z_W \geqslant D) = P(Z_m + e + R_P \geqslant D) \tag{8.40}$$

式中,Z_m、e、R_P 分别表示洪水作用引起的坝前最高水位、水面风壅高度和波浪爬高。利用计算机 C++程序已模拟出各变量的20万个随机数,根据 Monte Carlo 方法的基本原理,只需找出20万个随机数组合后 $Z_m + e + R_P \geqslant D$ 的总个数 L,即可求出各分期的漫坝风险率 $P_f = \dfrac{L}{N}$(N 为随机数组合的总数,本章中为20万)。

以主汛期漫坝风险率的求解为例,利用计算机 C++程序编程计算时,主汛期调洪演算得到的20万个坝前最高水 Z_m 位随机数记录在文件"主 Z.txt"中,水面风壅高度 e 和波浪爬高 R_P 的20万个随机数分别记录在"水面风壅高度 e.txt"和"波浪爬高 R_P.txt"中。因此,统计 $Z_m + e + R_P \geqslant D$ 的失效次数 L,并计算漫坝风险率 P_f,同样可以通过 C++程序编程实现。实例研究中,澄碧河水库的坝顶实际高程取190.40m,即式(8.14)中 $D = 190.4$m,其主汛期漫坝风险率的程序界面如图8.12所示。

程序运行结果为:失效次数 $L = 5$,主汛期漫坝风险率 $P = 0.000025$,即 $P_{f主} = 2.5 \times 10^{-5}$。同理,可得到前汛期和后汛期的漫坝风险率结果,具体见表8.6。

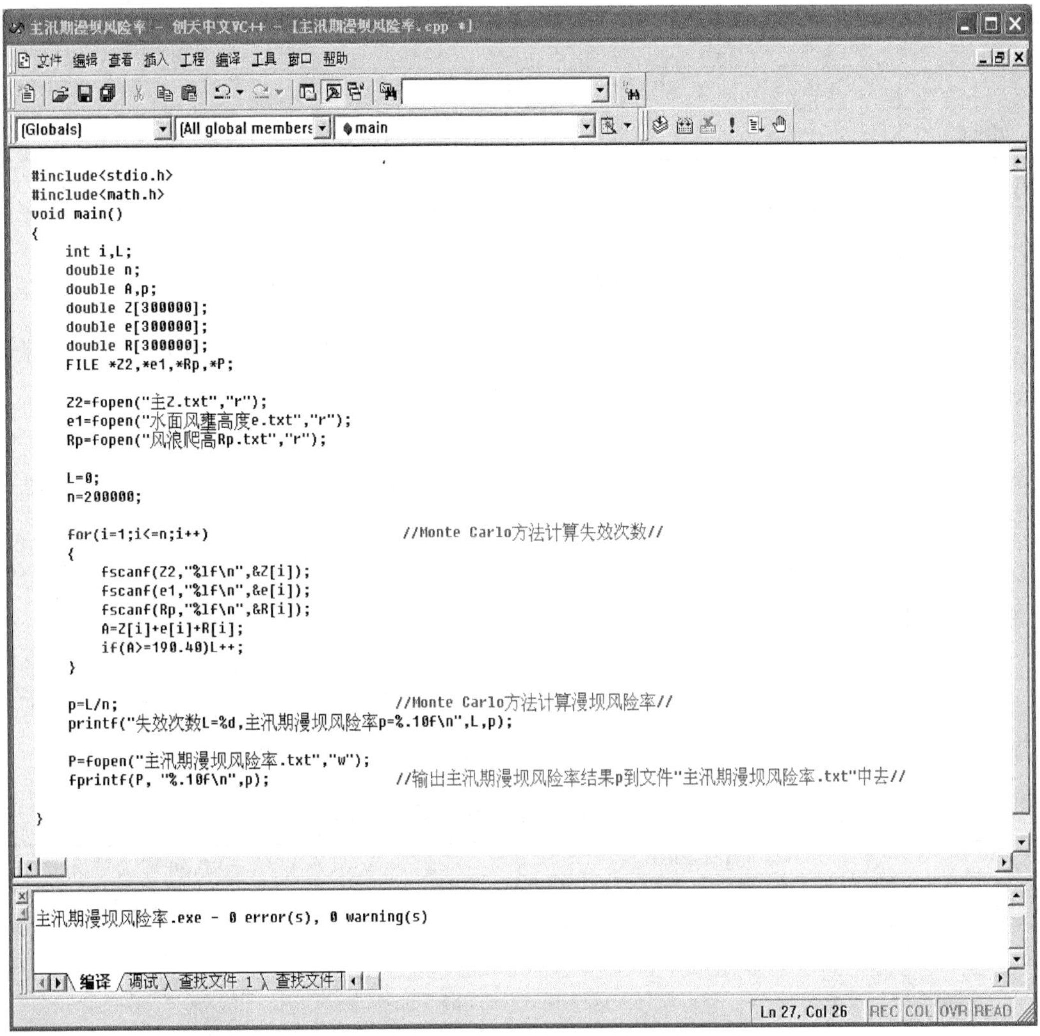
主汛期漫坝风险率 - 创天中文VC++ - [主汛期漫坝风险率.cpp *]
文件 编辑 查看 插入 工程 编译 工具 窗口 帮助
[Globals]
[All global members
main
#include<stdio.h>
#include<math.h>
void main()
{
int i,L;
double n;
double A,p;
double Z[300000];
double e[300000];
double R[300000];
FILE *Z2,*e1,*Rp,*P;
Z2=fopen("主Z.txt","r");
e1=fopen("水面风壅高度e.txt","r");
Rp=fopen("风浪爬高Rp.txt","r");
L=0;
n=200000;
for(i=1;i<=n;i++)　//Monte Carlo方法计算失效次数//
{
fscanf(Z2,"%lf\n",&Z[i]);
fscanf(e1,"%lf\n",&e[i]);
fscanf(Rp,"%lf\n",&R[i]);
A=Z[i]+e[i]+R[i];
if(A>=190.40)L++;
}
p=L/n;　//Monte Carlo方法计算漫坝风险率//
printf("失效次数L=%d,主汛期漫坝风险率p=%.10f\n",L,p);
P=fopen("主汛期漫坝风险率.txt","w");
fprintf(P, "%.10f\n",p);　//输出主汛期漫坝风险率结果p到文件"主汛期漫坝风险率.txt"中去//
}
主汛期漫坝风险率.exe - 0 error(s), 0 warning(s)
编译 调试 查找文件 1 查找文件
Ln 27, Col 26
REC COL OVR READ

图 8.12　计算主汛期漫坝风险率的 C++程序界面

表 8.6　用 Monte Carlo 方法计算的汛期各分期漫坝风险率

起调水位/m	前汛期		主汛期		后汛期	
	L/次	$P_f/10^{-4}$	L/次	$P_f/10^{-4}$	L/次	$P_f/10^{-4}$
185. 00	1	0. 05	5	0. 25	1	0. 05
185. 50	—	—	—	—	1	0. 10
186. 00	—	—	—	—	6	0. 3
186. 50	—	—	—	—	24	1. 2
187. 00	—	—	—	—	107	5. 34
187. 50	—	—	—	—	153	7. 65

起调水位/m	前汛期		主汛期		后汛期	
	L/次	$P_f/10^{-4}$	L/次	$P_f/10^{-4}$	L/次	$P_f/10^{-4}$
188.00	—	—	—	—	341	17.05
188.50	—	—	—	—	531	26.55

8.4.1.5　全汛期的组合漫坝风险率

根据 8.2.2 内容可知,全汛期组合漫坝风险率可用式(8.15)求得,其中 $P(B_i)$ 表示洪水出现在第 i 个分期的概率,$P(A|B_i)$ 表示第 i 个分期出现的洪水漫坝风险率。

根据澄碧河水库 1963~2011 年的统计资料和已有的研究成果(麻荣永,2004)可知,洪水发生时序具有的规律为:4~5 月洪水次数频率为 4.08%,6~8 月洪水次数频率为 85.72%,9~10 月洪水次数频率为 10.20%,即 $P(B_前)=0.0408$、$P(B_主)=0.8572$、$P(B_后)=0.1020$。汛期各分期出现的漫坝风险率 $P(A|B_i)$ 见表 8.6。因此,澄碧河水库全汛期组合漫坝风险率可表示为

$$P_漫 = 0.0408P(A|B_前) + 0.8572P(A|B_主) + 0.102P(A|B_后) \tag{8.41}$$

将表 8.6 中的数据代入到式(8.45)中,可得全汛期不同汛限水位方案下的组合漫坝风险率,结果见表 8.7。

表 8.7　不同汛限水位方案下的全汛期组合漫坝风险率

汛限水位/m			全汛期的组合漫坝
前汛期	主汛期	后汛期	风险率 $P_漫/10^{-4}$
185.00	185.00	185.00	0.22
185.00	185.00	185.50	0.23
185.00	185.00	186.00	0.25
185.00	185.00	186.50	0.34
185.00	185.00	187.00	0.76
185.00	185.00	187.50	1.00
185.00	185.00	188.00	1.96
185.00	185.00	188.50	2.92

8.4.2　危险度计算

根据 8.3.1 节漫坝危险度模型中式(8.39)和表 8.7 计算的全汛期组合漫坝风险率 $P_漫$ 可得汛期不同汛限水位方案下的漫坝危险度 H,结果见表 8.8。

表 8.8 澄碧河水库不同汛限水位方案下的漫坝危险度

汛限水位/m			漫坝危险度
前汛期	主汛期	后汛期	
185.00	185.00	185.00	0.42
185.00	185.00	185.50	0.42
185.00	185.00	186.00	0.43
185.00	185.00	186.50	0.46
185.00	185.00	187.00	0.55
185.00	185.00	187.50	0.57
185.00	185.00	188.00	0.64
185.00	185.00	188.50	0.68

8.4.3 危险度评价

根据表 8.2 漫坝危险度的等级划分标准可知,在前汛期和主汛期均为 185.00m 起调时,若后汛期的汛限水位低于 187.50m,则澄碧河水库的漫坝危险度属于中度危险;若后汛期的汛限水位高于 187.50m,则澄碧河水库的漫坝危险度属于高度危险。为保证水库正常防洪和兴利的安全,水库的漫坝危险度应该控制在中度危险以下,即危险度值应在 0.57 以下,此时的防治原则为防治并重。综合考虑澄碧河水库的实际情况和表 8.8 中漫坝危险度的计算结果,汛期分期调度的汛限水位取值范围应为:前汛期和主汛期 185.00m,后汛期 185.00 ~ 187.50m。

8.5 小 结

本章通过建立水库汛期危险度模型来对水库防洪安全进行危险性评价。首先,分析了影响水库汛期防洪安全的主要因素,建立土坝水库汛期分期的漫坝风险率模型,介绍模型求解的 Monte Carlo 方法;然后,根据全概率公式建立全汛期组合漫坝风险率模型;最后,根据漫坝风险率的取值特征确定危险度模型及其等级划分标准,并指出土坝水库正常运行所要求满足的危险度取值原则。在此基础上,以澄碧河水库为例进行汛期危险性评价,结果是:在中度危险以下,澄碧河水库分期汛限水位方案为,前汛期和主汛期 185.00m,后汛期 185.00 ~ 187.50m。本章只是在考虑了危险度的基础上得到初步结果,对水库汛期风险评价而言,还应考虑易损度问题。

第 9 章　水库汛期易损性评价

易损度评价是风险度评价的基础与核心,对水库防洪安全而言,它是水库汛期灾害事件发生后果的函数,取值为[0,1]。本章将详细介绍水库汛期易损度模型构建的理论和方法,给出易损度等级划分标准和评价指南。在此基础上,以澄碧河水库为实例,探讨易损度理论和方法的工程应用问题。

9.1　失事后果估算

9.1.1　失事后果估算的基本方法

水库汛期发生坝体漫顶后,特别是土坝,溃坝的可能性很高,而溃坝造成下游的灾害极其严重。溃坝损失一般分为生命损失、经济损失、社会损失和环境损失四个方面。在生命损失和经济损失研究方面,国外有近 30 年的历史,而国内研究才刚刚起步。在社会损失和环境损失研究方面,国内外的研究几乎是一片空白。随着社会的发展,水库大坝的防洪理念不仅要求注重人的生命安全和财产安全,更要求注重人与社会、自然和谐相处,溃坝造成的社会损失与环境损失应当得到重视。本节将从水库汛期溃坝造成的生命损失、经济损失、社会损失和环境损失 4 个方面对大坝失事后果进行定量分析研究。

9.1.1.1　生命损失

1. 生命损失影响因子的分析

目前,国内外学者对生命损失的影响因子说法不一(彭雪辉,2003;姜树海等,2005;莫崇勋,2014),总体而言,生命损失主要受洪水、人口、洪泛区和预警时间四个方面的影响。

1)洪水因素

洪水对生命损失的影响主要体现在水深、流速、上涨速度和发生时间方面。大量实验证明,人在流水中的稳定性和机动性会受到水流和水深的影响。洪水的上涨速度会影响人的逃脱时间,从而影响死亡率的大小。洪水的发生时间在白天要比在晚上造成的死亡率低,可见这也是一个影响生命损失的因素。

2)人口因素

事故发生时,生命安全受到威胁的人数是生命损失研究最关注的问题。一般把受溃坝洪水淹没的人口称为风险人口,其数量是影响生命损失最主要的因素。风险人口年龄组成、公众对溃坝事件严重性理解程度等均会影响生命损失的大小。

3）洪泛区因素

洪泛区的范围和区内建筑物抵抗洪水的能力均会影响生命损失的大小,洪泛区范围越广且区内建筑物抵抗洪水能力越弱,造成的生命损失也会越大。

4）预警时间

预警时间是指风险人口接到溃坝警报和洪水抵达洪泛区两个时间点之间的时间,也是风险人口能够利用的撤退时间,它对风险人口死亡率有很大的影响。预警按照时间长短分为无预警、某种程度的预警和完全预警,很显然,完全预警能够提供给风险人口充分的撤退时间,生命损失应该较其他两种预警低。

以上这 4 种影响因素看似独立,实际上是互相影响的。例如,洪水因素中洪水发生的时间会影响预警时间,洪水的大小会影响洪泛区的范围和风险人口的多少,预警时间和洪泛区的抗洪能力也会影响风险人口的死亡率。因此,生命损失应综合考虑以上四种影响因素,以便得到最精确的估算值。

2. 生命损失估算的方法

生命损失估算方法研究方面,国外研究明显比国内多。例如美国的 Brown 和 Graham 法、Dekay 和 McClelland 法和 Graham 法,芬兰的 RESCDAM 法以及加拿大的 Assaf 法(李雷和周克发,2006);而国内学者提出的方法大多建立在国外方法的基础上,应用较广泛的有姜树海-范子武方法和李雷-周克发方法(李雷等,2006)。下面简要介绍美国、芬兰、加拿大和中国有代表性的估算方法。

1）美国

美国垦务局(USBR)对生命损失的估算提出了 3 种方法,分别是 Brown 和 Graham 法、Dekay 和 McClelland 法和 Graham 法。Brown 和 Graham 法考虑了警报时间、淹没区域、风险人口及评估的不确定性,可以把生命进行量化;Dekay 和 McClelland 法依据国外大量溃坝实例,在 B 和 G 法基础上加入洪水严重程度因素建立了新的计算公式;Graham 法最具代表性,该法对前两种方法进行改进,给出了包含洪水严重程度、预警时间、公众意识程度等因素的建议死亡率,结合死亡率和风险人口即可定量地估算生命损失。

2）芬兰

2001 年,芬兰的 Peter Reiter 指出可先将淹没区域划分成小区域后再进行生命损失估算,其对 Graham 法进行修正,提出损失值可用风险人口死亡率、风险人口、洪水影响因子和修正因子相乘得到,即 RESCDAM 法,又称简化的 Graham 法。

3）加拿大

加拿大的水力发电公司(BC Hydro)的 Assaf、Hartford 和 Cattanach 共同提出了一种统计分析方法,简称 Assaf 法。该法将可能的淹没区域划分成单元,逐一计算各单元的生命损失,然后采用适当公式估算全部区域的生命损失。这种方法估算的精度较高,但资料统计任务繁重。

4）中国

2005 年,姜树海等提出洪水灾害造成的生命损失应是洪水物理特征和洪泛区社会特征的函数,其在 Assaf 法基础上对风险人口生还率的计算做了改进,建立适合中国的溃坝生命损失的公式。

2006 年,李雷等发现 Graham 法比其他估算方法更适合中国,便将此法与中国实际溃坝情况相结合,粗略地算出中国水库溃坝的生命损失中风险人口死亡率推荐表,得到了适合中国的生命损失计算公式。李雷-周克发方法的中国水库溃坝生命损失死亡率推荐表见表 9.1。

表 9.1　李雷—周克发方法的中国水库溃坝生命损失死亡率推荐表

洪水严重程度	预警时间	公众意识程度	死亡率	
			推荐值	建议值
低	无预警	模糊	0.03	0.001 ~ 0.05
		清楚	0.01	0.00 ~ 0.02
	某种程度的预警	模糊	0.007	0.00 ~ 0.015
		清楚	0.0006	0.00 ~ 0.001
	完全预警	模糊	0.0003	0.00 ~ 0.0006
		清楚	0.0002	0.00 ~ 0.0004
中	无预警	模糊	0.50	0.10 ~ 0.80
		清楚	0.075	0.02 ~ 0.12
	某种程度的预警	模糊	0.13	0.015 ~ 0.27
		清楚	0.0008	0.0005 ~ 0.002
	完全预警	模糊	0.05	0.01 ~ 0.10
		清楚	0.0004	0.0002 ~ 0.001
高	无预警	模糊	0.75	0.30 ~ 1.00
		清楚	0.25	0.10 ~ 0.50
	某种程度的预警	模糊	0.20	0.05 ~ 0.40
		清楚	0.001	0.00 ~ 0.002
	完全预警	模糊	0.18	0.01 ~ 0.30
		清楚	0.0005	0.00 ~ 0.001

表 9.1 中,洪水严重程度可以用建筑物破坏程度来表示,无建筑物冲走时,可认为洪水严重程度为低;部分建筑物损坏且公众还有地方避难时,可认为洪水严重程度为中;洪水立即把洪泛区淹没且冲走,公众逃生困难时,可认为洪水严重程度为高。

预警根据时间分为无预警、某种程度的预警和完全预警,以 1 小时为分界线,预警时间为零即为无预警;预警时间在 1 小时以内为某种程度的预警;预警时间大于 1 小时为完全预警。

公众意识模糊程度是指不了解洪水的严重性,不清楚该洪水对自身安全是否会造成威胁;公众意识程度清楚是指准确了解洪水的严重性,且清楚该洪水对自身安全会造成威胁。

以上 5 种估算水库溃坝生命损失的方法中,前 3 种为国外研究成果,其中前两种依赖于统计资料的完整性,第三种 Assaf 法需引入可靠度理论,在实际应用中困难较多;后两种为国内研究成果,分别是对 Assaf 法和 Graham 法的改进,其中李雷-周克发方法相比而言实用性更强,故本章拟采用此方法计算水库汛期漫坝所造成的生命损失。

9.1.1.2　经济损失

溃坝经济损失是指水库大坝溃决造成的可用金钱衡量的损失。国外在经济损失方面的研究成果比生命损失少,而国内却相反。在国外的研究中,考虑的因素大同小异,大多先将受经济损失的对象进行分类和分区,然后分别进行估算,最后汇总得到全部的经济损失;在国内的研究中,经济损失可分为直接经济损失和间接经济损失两部分。本章将简要介绍国内的计算方法。

1. 直接经济损失

直接经济损失指水库大坝溃决的工程损失和溃坝洪水给洪泛区造成的直接可用金钱衡量的损失,主要包括工业、林业、农业、渔业、副业、商业、牧业、邮电、交通、房屋、文教卫生、工程设施、粮油储存、物资存放、农业机械、群众家产、专项损失共 17 项(施国庆、周之豪,1990),计算时可分为实物型损失和收益型损失。

实物型损失包括建筑物、机器设备、固定或流动资产等实物价值的减少,可按损失率计算或按毁坏长度或面积计算。按损失率计算适用于社会各类固定资产和流动资产,计算时,首先对财产和风险区的种类进行分类;然后按照特定的损失率分别计算各类别的财产在不同类别风险区的损失;最后汇总得出直接经济损失。按毁坏长度或面积计算适用于公路、铁路、管道、电网、各类线路等修复费用,计算时,首先对受损的设施和破坏程度的类别进行分类;然后按照毁坏长度或面积分别计算各种设施在不同破坏程度下的损失;最后汇总得出直接经济损失。

收益型损失指因溃坝洪水引起的生产经营活动中止带来的收益损失,主要分为工商交通服务业收益型损失和农业收益型损失。工商交通服务业收益型损失包括工商业、公路铁路、航运、水电油气供应等部门的活动中止带来的损失。计算时,首先对行业部门的重要程度进行分类;然后按照单位时间损失值计算各种部门在不同中断时间内的损失值;最后汇总得出工商交通服务业收益型损失。农业收益型损失指溃坝洪水造成的农业、林业、牧业、渔业、副业等当年或当季的减产损失,以及多年生作物和树木生长期净收入的损失、补植补种的费用。计算时,首先分别计算减产损失、用于补种恢复的损失及恢复期的损失;然后相加汇总得出农业收益型直接经济损失。

2. 间接经济损失

间接经济损失主要包括采取防洪措施的费用、运输费增加的费用、农产品减产给企业带来的损失、抢险的人工投入间接造成企业减产、灾后恢复的费用等,这些费用覆盖面广且不确定性大,很难精确计算,现有粗略的计算方法有直接估算法和系数法。

直接估算法主要包括应急费用、工矿企业停产减产损失和社会经济系统运行增加的费用。应急费用包括抢险救灾采取措施和发放物资的支出,工矿企业停产减产损失包括工人减少、原料短缺、产品积压、运输费提高等造成的企业损失,社会经济系统运行增加的费用包括溃坝洪水造成的工商业、交通、公共服务事业等部门系统正常运行增加的费用。

系数法是一种统计分析的方法,首先要进行大量统计和抽样调查;然后分析出不同破坏类型的间接损失和直接损失的关系;最终总结得出经验公式。该公式可粗略计算间接经济损失。在现阶段采用的经验公式中,溃坝洪水造成的间接经济损失和直接经济损失呈线性关系。

9.1.1.3 社会和环境损失

水库溃坝造成的社会与环境损失体现为社会影响和环境影响。社会影响包括给风险人口带来的心理影响、社会公众生活品质的下降、城市的破坏、文物古迹的无法复原等方面,环境影响包括对河道形态、生物栖息地、工业环境污染、人文景观的影响等方面。根据已有的研究成果(何晓燕等,2008),社会和环境损失可用社会与环境影响指数表示,该指数通过各个影响方面的严重程度系数相乘得到,表达式为

$$f = N \times C \times I \times h \times R \times l \times L \times P \tag{9.1}$$

式中,f 表示社会与环境影响指数;N 表示风险人口系数;C 表示城市重要性系数;I 表示设施重要性系数;h 表示文物古迹系数;R 表示河道形态破坏系数;l 表示生物生活环境系数;L 表示人文景观系数;P 表示工业污染系数。式(9.1)中各系数的取值见表9.2。

表 9.2　社会与环境影响指数各系数的取值参考表

影响程度		轻微	一般	中等	严重		极其严重	
社会影响	风险人口(人)	1~10	10~103	103~105	105~107		>107	
	N	1.0~1.2	1.2~1.6	1.6~2.4	2.4~4.0		4.0~5.0	
	城市重要性	散户	乡村	乡镇	县级市	地级市	直辖市	首都
	C	1.0	1.3	1.6	2.0	3.0	4.0	5.0
	设施重要性	普通设施	较重要设施	市级设施	省级设施		国家级设施	
	I	1.0	1.2	1.5	1.7		2.0	
	文物古迹等	一般文物	县级文物	市级文物	国家级文物		世界级文物	
	h	1.0	1.2	1.5	2.0		2.5	
环境影响	河道形态破坏	轻微破坏	一般河道受一定破坏	大江大河受一定破坏	一般河道严重破坏	大江大河严重破坏	一般河道改道	大江大河改道
	R	1.0	1.3	1.6	2.0	3.0	4.0	5.0
	生物丧失生活环境	一般动植物	较有价值动植物	较珍贵动植物	稀有动植物		世界级濒临灭绝动植物	
	l	1.0	1.2	1.5	1.7		2.0	
	人文景观	轻微破坏	市级人文景观遭破坏	省级人文景观遭破坏	国家级人文景观遭破坏		世界级人文景观遭破坏	
	L	1.0	1.2	1.5	1.7		2.0	
	污染工业	无污染工业	一般污染工业	较大规模污染工业	大规模污染工业	剧毒污染工业	核电站	
	P	1.0	1.2	1.6	2.0	3.0	4.0	

由表 9.2 可知,当社会与环境影响均为轻微时,指数 f 取值 1,当影响均为严重时,指数 f 取值 10000。因此,社会与环境影响指数 f 取值范围为 $[1,10000]$。

9.1.2　失事后果估算存在的问题

失事后果的严重程度是风险评价的一个重要依据,虽然现阶段的研究成果较多,但是也存在一些问题:

(1)社会与环境损失的估算方法研究偏少。已有的研究中,绝大部分学者对生命损失和经济损失的重视程度远远高于社会与环境损失,这与社会发展和人们越来越注重生活环境的事实是相悖的;

(2)失事后果的综合性评估欠缺。已有研究中,往往单独评估各项失事后果,而缺乏对各项后果的综合评估,使得评价结果不够科学合理。

因此,本章采用综合评价理论建立水库汛期漫坝易损度模型,对失事后果易损性进行评价。

9.2　水库汛期易损性评价方法

9.2.1　水库汛期易损度综合评价模型

9.2.1.1　综合评价思想

在实际生活中,常常遇到这样一种问题:对某一种事物进行评价时,发现被评价对象可从多个方面进行评价,而从每一个方面得出来的评价结果可能不一样,那么该如何确定这个被评价对象的评价结果呢? 在每一种由单一方面做出的评价结果的基础上,综合考虑所有方面做出一个最终的评价结果,这就是综合评价理论的思想。综合评价法是一种运用多个指标对参评对象进行评价的方法。评价时,首先将多个指标转化为一个指标,该指标需能够反映综合情况;然后采用该指标进行评价,评价过程中,多个指标的评价可以同时进行,并根据指标的重要性确定权重;最终得到一个统一的评价结果,但这个评价指标不再具有具体的含义,一般是以数值的形式反映被评价对象的综合情况。

综合评价法的主要步骤为

(1)明确评价目的:本章中的评价目的是确定水库汛期漫坝的危害性大小;

(2)确定被评价对象:本章中的被评价对象是水库汛期漫坝的后果;

(3)确定评价指标:本章中评价指标有人数(生命损失)、人民币(经济损失)和社会与环境影响指标(社会损失和环境损失);

(4)确定权重系数:本章中权重系数的确定方法拟采用 AHP 法;

(5)建立综合评价模型:本章中采用线性加权综合评价法,将易损度作为统一的评价指标,建立水库汛期分期易损度综合评价模型;

（6）计算综合评价值，确定评价结果：本章中综合评价值是易损度，评价结果可根据易损度的等级划分标准确定。

9.2.1.2　易损性的界定

易损性指事物遭受毁坏或损失的难易程度，反映了事物承受灾害的能力，一般用易损度表示。国际上，易损度的研究从 20 世纪 90 年代开始，Corsanego（1993）和 Kappos（1998）等将易损度引入到地震和雪崩等自然灾害中进行风险评价；Longhurst（1995）指出了易损度研究对减轻自然灾害的重要性；IUGS 等（1997）认为在自然灾害领域易损度的研究还比较肤浅；刘希林等（2002）将易损度概念引入到中国实例中，对泥石流易损度的计算和评价指标进行了探讨；蒋勇军等（2001）根据重庆 50 年的自然灾害资料，选取易损性评价指标，计算出重庆各省市的易损度，并对易损度进行区划。由此可见，易损度的研究成果大多集中于自然灾害方面，而在大坝安全领域因洪水漫坝引起灾害方面进行的研究很少。

关于易损度的定义，Maskrey（1989）认为是"由极端事件而引起被损害的可能性"，显然，这个定义是将易损度界定为一种概率，但并不能反映事物承受灾害的能力；Deyle 等（1998）将易损度定义为"人类居住地对自然灾害有害影响的敏感性"；Panizza（1996）认为"易损度是在人类介入的情况下，可能直接或间接敏感于物质损失的某一地区所存在的一切人或事物的综合体"，这一定义将易损度从抽象变为了具体；联合国公布的定义为"在特定地区由于潜在损害现象所可能造成的损失程度，取值范围为[0,1]"；刘希林等提出"泥石流易损度指在特定区域和时间内，由于泥石流而可能造成区域内存在的一切人、财和物的潜在最大损失"。

综合已有的研究成果，水库汛期漫坝的易损度可定义为"在特定区域和时间内，由于水库大坝漫坝而可能引起洪泛区内一切人、财和物的潜在最大损失程度，取值范围为[0,1]"。

9.2.1.3　综合评价模型

根据易损性的定义及灾害造成的损失类型，大体可以将水库汛期漫坝的易损度分为生命易损度、经济易损度、社会易损度和环境易损度 4 种。漫坝易损度可由以上 4 项线性加权求得，公式可表示为

$$V = a_1 F_生 + a_2 F_经 + a_3 F_社 + a_4 F_环 \tag{9.2}$$

式中，V 表示漫坝易损度，取值[0,1]；a_1、a_2、a_3 和 a_4 分别表示生命易损度、经济易损度、社会易损度和环境易损度的权重，取值[0,1]；$F_生$、$F_经$、$F_社$ 和 $F_环$ 分别表示生命易损度、经济易损度、社会易损度和环境易损度，取值[0,1]。

四项损失中社会损失和环境损失两者可统一用社会与环境影响指数 f 表示，所以式（9.2）中社会易损度和环境易损度 $F_社$ 和 $F_环$ 可用社会与环境易损度 $F_社环$ 代替，相应的权重 a_3、a_4 统一用 a_3 表示，则漫坝易损度为

$$V = a_1 F_生 + a_2 F_经 + a_3 F_社环 \tag{9.3}$$

式中，a_3 表示社会与环境易损度的权重，取值[0,1]；$F_社环$ 表示社会与环境易损度，取值[0,1]。

1. 权重的确定

根据国内外学者的研究成果,生命易损度、经济易损度、社会与环境易损度的权重 a_1、a_2 和 a_3 可采用 AHP 法确定。AHP 法基本思路是:将每两个元素进行重要性比较,用 1 ~ 9 给比较结果赋值,最终得到各个元素所占的比重。AHP 法中赋值含义见表9.3。

表 9.3　AHP 法中 1 ~ 9 赋值含义表

赋值	含义
1	两个元素相比时,前者比后者同等重要
3	两个元素相比时,前者比后者稍微重要
5	两个元素相比时,前者比后者明显重要
7	两个元素相比时,前者比后者强烈重要
9	两个元素相比时,前者比后者极端重要
2、4、6、8	相邻两个重要程度赋值的中值

在进行漫坝损失估算时,生命损失一般无法用金钱来衡量。因此,无法直接与经济损失在数字上得出重要性比较结果,但是一般认为生命损失比经济损失重要得多,故可以对生命易损度与经济易损度的重要性比较结果赋值为7,即

$$\frac{a_1}{a_2} = 7 \tag{9.4}$$

社会与环境损失相比于经济损失来说,大部分学者认为前者比后者稍微重要或同等重要,则

$$\frac{a_3}{a_2} = \frac{3}{2} \tag{9.5}$$

根据权重的固有特性

$$a_1 + a_2 + a_3 = 1 \tag{9.6}$$

综合式(9.4) ~ 式(9.6),可以求出 $a_1 = 0.737$、$a_2 = 0.105$、$a_3 = 0.158$。

2. 易损度的确定

生命、经济、社会与环境易损度分别由生命损失、经济损失、社会与环境影响指标计算得到。因易损度的取值范围为 $[0,1]$,故考虑用归一化函数将溃坝损失转化为相应的易损度。根据工程情况,拟采用的归一化函数为

$$y = a\,(\lg x)^b \tag{9.7}$$

式中,a、b 为参数,且均大于 0。

1)生命易损度

生命易损度若要采用归一化函数,需首先确定式(9.7)中的参数 a 和 b 的值,这可以由生命损失的取值范围确定。根据 1954 年之后中国的三千多起溃坝事件,生命损失最大的一次是 85600 人,由此可以初步确定生命损失的取值范围为 0 ~ 100000 人。归一化函数应满足的条件是:当生命损失为 0 人时,生命易损度为 0;当生命损失为 100000 人时,生命易损度为 1。由第 2 个条件可以得到 a、b 之间的关系为

$$a = \frac{1}{5^b} \tag{9.8}$$

因此生命易损度公式可表示为

$$F_{生} = \left(\frac{\lg x}{5}\right)^b \tag{9.9}$$

式中,$F_{生}$ 为生命易损度,取值 $[0,1]$;x 为生命损失,人。但式(9.9)并不满足条件:当生命损失为 0 人时,生命易损度为 0。那么式(9.9)能否用来计算生命易损度呢?

根据中国 2007 年 6 月 1 日起施行的《生产安全事故报告和调查处理条例》,安全事故的等级划分标准见表 9.4。

表 9.4　中国安全事故的等级划分标准

安全事故类型	等级划分标准
一般事故	造成 3 人以下死亡;1000 万元以下直接经济损失
较大事故	造成 3 人以上 10 人以下死亡;1000 万元以上 5000 万元以下直接经济损失
重大事故	造成 10 人以上 30 人以下死亡或者 5000 万元以上 1 亿元以下直接经济损失
特别重大事故	造成 30 人以上死亡或者 1 亿元以上直接经济损失

由表 9.4 可知,当生命损失为 0 人、1 人或 2 人时,易损度的评价结果均应为一般事故,即当生命损失为 1 人时,由式(9.9)计算得生命易损度为 0,与一般事故的结论并不矛盾。因此,归一化函数式(9.9)可以用来定量计算生命损失 1 人以上的生命易损度,对于生命损失为 0 人的情况,可直接取生命易损度为 0。综上所述,生命易损度表示为

$$F_{生} = \begin{cases} 0 & x = 0 \\ \left(\dfrac{\lg x}{5}\right)^b & 1 \leqslant x \leqslant 100000 \end{cases} \tag{9.10}$$

式中,$F_{生}$ 为生命易损度,取值 $[0,1]$;x 为生命损失,人。

生命易损度式(9.10)中 b 的取值可根据国家对安全事故等级划分标准进行选取。分别给 b 赋值 0.05、0.10、0.15、0.20、0.25、0.30、0.35、0.40、0.45、0.50,可以得到一系列生命易损度值,见表 9.5。

表 9.5　参数 b 不同取值下的生命易损度

生命损失/人	0.05	0.10	0.15	0.20	0.25	0.30	0.35	0.40	0.45	0.50
1	0.00	0.00	0.00	0.00	0.00	0.00	0.00	0.00	0.00	0.00
3	0.89	0.79	0.70	0.63	0.56	0.49	0.44	0.39	0.35	0.31
10	0.92	0.85	0.79	0.72	0.67	0.62	0.57	0.53	0.48	0.45
30	0.94	0.89	0.83	0.78	0.74	0.69	0.65	0.61	0.58	0.54
100	0.96	0.91	0.87	0.83	0.80	0.76	0.73	0.69	0.66	0.63
1000	0.97	0.95	0.93	0.90	0.88	0.86	0.84	0.82	0.79	0.77
10000	0.99	0.98	0.97	0.96	0.95	0.94	0.92	0.91	0.90	0.89
100000	1.00	1.00	1.00	1.00	1.00	1.00	1.00	1.00	1.00	1.00

国家对安全事故等级划分界线为 3 人、10 人和 30 人:生命损失小于 3 人为一般事故;3~10 人为较大事故;10~30 人为重大事故;大于 30 人为特重大事故。根据以上国家规定,生命易损度在生命损失为 30 人时宜为 0.85 左右,在生命损失为 10 人时宜为 0.75 左右,在生命损失为 3 人时宜为 0.5 左右。根据表 9.5 的数据,综合考虑后,取 $b=0.15$,生命易损度计算公式最终为

$$F_{生} = \begin{cases} 0 & x=0 \\ \left(\dfrac{\lg x}{5}\right)^{0.15} & 1 \leqslant x \leqslant 100000 \end{cases} \tag{9.11}$$

式中,$F_{生}$ 为生命易损度,取值 $[0,1]$;x 为生命损失,人。

2)经济易损度

经济损失可用金钱来表示,单位一般取万元(人民币),因为经济损失的取值范围比较大,所以本章对经济损失的取值下限为 1 万元,上限为 1000000 万元。根据表 9.4 可知,对于经济损失在 0~1000 万元的事故均可认为是一般事故,而 1 万元远远小于 1000 万元,故当经济损失小于等于 1 万元时,经济易损度可近似取 0。

经济损失采用式(9.7)进行归一化时,应满足经济损失 100000 万元经济易损度为 1 的条件,由此可得

$$a = \dfrac{1}{6^b} \tag{9.12}$$

经济易损度可表示为

$$F_{经} = \begin{cases} 0 & x \leqslant 1 \\ \left(\dfrac{\lg x}{6}\right)^{b} & 1 < x \leqslant 1000000 \end{cases} \tag{9.13}$$

式中,$F_{经}$ 为经济易损度,取值 $[0,1]$;x 为经济损失,万元。

经济易损度式(9.13)中 b 的取值可根据国家对安全事故等级划分标准进行选取。分别给 b 赋值 0.05、0.10、0.15、0.20、0.25、0.30、0.35、0.40、0.45、0.50,可以得到一系列经济易损度值,见表 9.6。

表 9.6　参数 b 不同取值下的经济易损度

经济损失/万元	0.05	0.10	0.15	0.20	0.25	0.30	0.35	0.40	0.45	0.50
1	0.00	0.00	0.00	0.00	0.00	0.00	0.00	0.00	0.00	0.00
100	0.95	0.90	0.85	0.80	0.76	0.72	0.68	0.64	0.61	0.58
1000	0.97	0.93	0.90	0.87	0.84	0.81	0.78	0.76	0.73	0.71
5000	0.98	0.95	0.93	0.91	0.89	0.86	0.84	0.82	0.80	0.79
10000	0.98	0.96	0.94	0.92	0.90	0.89	0.87	0.85	0.83	0.82
100000	0.99	0.98	0.97	0.96	0.96	0.95	0.94	0.93	0.92	0.91
1000000	1.00	1.00	1.00	1.00	1.00	1.00	1.00	1.00	1.00	1.00

国家对安全事故等级划分界线为 1000 万元、5000 万元和 10000 万元,故经济易损度在经济损失为 10000 万元时宜为 0.85 左右,在经济损失为 5000 万元时宜为 0.75 左右,在经济

损失为 1000 万元时宜为 0.5 左右。根据表 9.6 的数据,综合考虑后,取 $b=0.50$,经济易损度计算公式最终为

$$F_{经} = \begin{cases} 0 & x \leqslant 0 \\ \left(\dfrac{\lg x}{6}\right)^{0.5} & 1 < x \leqslant 1000000 \end{cases} \tag{9.14}$$

式中,$F_{经}$ 为经济易损度,取值 $[0,1]$;x 为经济损失,万元。

3)社会与环境易损度

社会损失和环境损失可统一用社会与环境影响指数 f 表示,f 的取值范围为 $[1,10000]$,利用式(9.7)对其进行归一化时,应满足条件:当 f 取 1 时,社会与环境易损度为 0;当 f 取 10000 时,社会与环境易损度为 1,由此可得

$$a = \frac{1}{4^b} \tag{9.15}$$

社会与环境易损度可表示为

$$F_{社环} = \left(\frac{\lg f}{4}\right)^b \tag{9.16}$$

式中,$F_{社环}$ 为社会与环境易损度,取值 $[0,1]$;f 为社会与环境影响指数。

目前,暂无对社会损失和环境损失的等级划分规定,本章假定社会与环境易损度呈线性分布,则 b 的取值为 1。因此,社会与环境易损度计算公式最终为

$$F_{社环} = \frac{\lg f}{4} \tag{9.17}$$

式中,$F_{社环}$ 为社会与环境易损度,取值 $[0,1]$;f 为社会与环境影响指数。

9.2.2　易损度等级划分及评价指南

生命易损度和经济易损度的等级划分标准可以根据《生产安全事故报告和调查处理条例》(2007)中的事故等级划分标准确定。由表 9.4 可知,生命损失的等级划分界线为 3 人、10 人和 30 人,则生命易损度的等级划分界线可确定为 0.70、0.79 和 0.83;经济损失的等级划分界线为 1000 万元、5000 万元和 10000 万元,则经济易损度的等级划分界线可确定为 0.71、0.79 和 0.82。社会与环境易损度假设为线性关系,若将其平均分为一般易损、较大易损、重大易损和特重大易损 4 个等级,则分界值为 0.25、0.50 和 0.75,对应的社会与环境影响指数的分界值为 10、100 和 1000。

综上所述,在生命易损度、经济易损度、社会与环境易损的权重分别为 0.737、0.105、0.158 的条件下,漫坝易损度 V 的等级划分界线值可由式(9.3)计算得到,分别为 0.63、0.74 和 0.82。因此,漫坝易损度 V 的等级划分标准及指导意义详见表 9.7。

表 9.7　漫坝易损度(V)的分级标准及指导意义

易损度(V)	分级	含义	指导意义
0.00~0.63	低度易损	一般事故,生命损失小于 3 人,经济损失小于 1000 万,社会与环境影响指数小于 10	无预警,注意躲避洪水

续表

易损度(V)	分级	含义	指导意义
0.63 ~ 0.74	中度易损	较大事故,生命损失 3 ~ 10 人,经济损失 1000 万 ~ 5000 万,社会与环境影响指数 10 ~ 100	1 小时以内的预警,注意疏散风险人口,转移洪泛区可移动财产
0.74 ~ 0.82	高度易损	重大事故,生命损失 10 ~ 30 人,经济损失 5000 万 ~ 1 亿,社会与环境影响指数 100 ~ 1000	1 小时以内的预警,迅速转移风险人口和可移动财产
0.82 ~ 1.00	极高易损	特重大事故,生命损失大于 30 人,经济损失大于 1 亿,社会与环境影响指数 1000 ~ 10000	1 小时以上的预警,请求救援队,立即转移风险人口和可移动财产

9.3　工程应用实践

根据调查,澄碧河水库大坝下游有拉达电站和东坪电站,总装机容量 4.2MW;下游 1km 处为 324 国道,由田东经田阳、百色、云南到贵州;下游 4km 处为南宁至昆明铁路;下游 7km 处为百色市;下游 32km 为田阳县城;下游 62km 处为田东县城和右江矿务局。

根据澄碧河水库 1999 年的溃坝损失估算结果(莫崇勋,2014),风险人口约为 28 万,淹没耕地 15 万亩,经济损失约为 25 亿元人民币。随着社会的发展,人口增多、经济提高、社会与环境的重要性日益增大,溃坝损失也会随着时间的推移而逐步增加,本章采用增长率公式来推算预测年溃坝损失,其计算公式为

$$A(t) = A(t_0) \times (1+r)^{t-t_0} \tag{9.18}$$

式中,$A(t)$ 表示预测年 t 的溃坝损失;$A(t_0)$ 表示起算年 t_0 的溃坝损失;r 表示溃坝损失的增长率。生命损失和经济损失应分别由式(9.18)计算,社会与环境影响指数根据表 9.2 确定。

9.3.1　生命易损度的估算

1. 风险人口的计算

1999 年,澄碧河水库的风险人口总数为 28 万人。1999 年以后,中国人口自然增长率逐年降低,具体见表 9.8。

表 9.8　中国人口自然增长率表

年份	1999	2000	2001	2002	2003	2004	2005	2006
增长率/‰	8.18	7.58	6.95	6.45	6.01	5.87	5.89	5.28
年份	2007	2008	2009	2010	2011	2012	2013	2014
增长率/‰	5.17	5.08	5.87	4.79	4.79	4.95	4.92	5.21

由表 9.8 可知,1999 年的人口自然增长率为 8.18‰,2014 年的人口自然增长率为 5.21‰,计算 2015 年的风险人口总数时,人口增长率取 16 年平均值 5.75‰,则由式(9.18)可得 2015 年溃坝的风险人口总数为

$$A(2015)_{生} = A(2015)_{生} \times (1+r)^{2015-1999} = 28 \times (1+0.00575)^{16} = 30.69(万人)$$

2. 生命损失的确定

根据 2015 年风险人口总数为 30.69 万人和李雷-周克发方法提出的风险人口死亡率推荐表(详见表 9.1),可推算生命损失估算,结果见表 9.9。

表 9.9　2015 年澄碧河水库溃坝可能的生命损失

洪水严重程度	预警时间	公众意识程度	死亡率推荐值	生命损失/万人
低	无预警 ($t=0$)	模糊	0.03	0.92
		清楚	0.01	0.31
	某种程度的预警 ($t<60\text{min}$)	模糊	0.007	0.21
		清楚	0.0006	0.02
	完全预警 ($t>60\text{min}$)	模糊	0.0003	0.01
		清楚	0.0002	0.01
中	无预警 ($t=0$)	模糊	0.50	15.35
		清楚	0.075	2.30
	某种程度的预警 ($t<60\text{min}$)	模糊	0.13	3.99
		清楚	0.0008	0.02
	完全预警 ($t>60\text{min}$)	模糊	0.05	1.53
		清楚	0.0004	0.01
高	无预警 ($t=0$)	模糊	0.75	23.02
		清楚	0.25	7.67
	某种程度的预警 ($t<60\text{min}$)	模糊	0.20	6.14
		清楚	0.001	0.03
	完全预警 ($t>60\text{min}$)	模糊	0.18	5.52
		清楚	0.0005	0.02

由表 9.9 可知,2015 年澄碧河水库溃坝可能造成的生命损失为 0.01 万~23.02 万人,其中生命损失为 23.02 万人和 15.35 万人分别是在溃坝洪水危害程度为高度、完全无预警、风险人口全部对洪水危害完全模糊和溃坝洪水危害程度为中度、完全无预警、风险人口全部对洪水危害完全模糊的情况下发生的,但这与实际事故发生时的情形有所不同。实际事故发生时,由于洪水的泛滥需要一定时间,洪泛区必定是处于一部分地区无预警、一部分地区某种程度预警、另一部分地区完全预警的状态,风险人口对洪灾的危害程度认识必定也是一部分清楚、一部分模糊的状态。因此,溃坝洪水发生时完全无预警且风险人口意识完全模糊的极端情况一般不会发生,这也是中国迄今为止溃坝事故造成的最大生命损失没超过 10 万人的原因。

综上所述,确定最大的溃坝生命损失时,可取洪水危害程度为高度的情况下,无预警、某种程度预警和完全预警 3 种情况下的综合考虑值,计算得出这六种情况的平均值 7.07 万人。

3. 生命易损度的确定

当澄碧河水库洪水漫坝的生命损失为 7.07 万人时,生命易损度可由式(9.11)求得

$$F_{生} = \left(\frac{\lg x}{5}\right)^{0.15} = \left(\frac{\lg 70700}{5}\right)^{0.15} = 0.9954$$

9.3.2　经济易损度的估算

根据淮河水利委员会的统计(莫崇勋、刘方贵,2010),"九五"期间溃坝经济损失年增长率为 3% ~ 4%,结合广西地区的经济发展趋势,本章选取 3% 为溃坝经济损失年增长率。1999 年,澄碧河水库的溃坝经济损失估算为 25 亿元人民币,由式(9.18)可得 2015 年溃坝经济损失为

$$A(2015)_{经} = A(1999) \times (1+r)^{2015~1999} = 25 \times (1+0.03)^{16} = 40.12(亿元)$$

将溃坝经济损失值 40.12 亿元人民币代入式(9.14),可求得 2015 年澄碧河水库溃坝的经济易损度为

$$F_{经} = \left(\frac{\lg x}{6}\right)^{0.5} = \left(\frac{\lg 401200}{6}\right)^{0.5} = 0.9664$$

9.3.3　社会与环境易损度的估算

根据澄碧河水库所处位置及溃坝洪泛区情况,结合表 9.2,可以初步确定社会与环境影响指数各系数的取值:风险人口为 30.69 万人,在 $10^5 ~ 10^7$ 人范围之间,N 取值 2.5;澄碧河水库溃坝影响最严重的城市是下游 7km 的百色市,百色市属于地级市政府或城区级别,C 取值 3.0;澄碧河水库溃坝会严重影响下游 1km 和 4km 的 324 国道(二级路)和南昆铁路,两者属于国家级重要交通设施,I 取值 2.0;溃坝影响的文物古迹方面,尚无具体资料,初步定为省市级重点文物级别,h 取值 1.5;溃坝对河道的形态的影响应属于一般河流遭到一定破坏,R 取值 1.3;澄碧河水库附近生物多为一般动植物,故溃坝对生物的生长环境的影响轻微,l 取值 1.0;溃坝对人文景观的影响定为自然景观遭到破坏,L 取值 1.0;溃坝洪水造成的工业污染较少,可将工业污染系数 P 定为 1.0。将以上各个系数的取值代入式(9.1)中,可得社会与环境影响指数为

$$
\begin{aligned}
f &= N \times C \times I \times h \times R \times l \times L \times P \\
&= 2.5 \times 3.0 \times 2.0 \times 1.5 \times 1.3 \times 1.0 \times 1.0 \times 1.0 \\
&= 29.25
\end{aligned}
$$

将 f 值代入式(9.17),可得社会与环境易损度为

$$F_{社环} = \frac{\lg f}{4} = \frac{\lg 29.25}{4} = 0.3665$$

9.3.4　易损度的估算与评价

根据 9.2.1 节内容知,漫坝易损度表达式为

$$V = a_1 F_生 + a_2 F_经 + a_3 F_{社环} \tag{9.19}$$

式中，a_1、a_2、a_3 分别表示生命易损度、经济易损度、社会与环境易损度的权重，由 9.2.1 节内容可知，取值分别为 0.737、0.105、0.158；$F_生$、$F_经$、$F_{社环}$ 分别表示生命易损度、经济易损度、社会与环境易损度，由 9.3.1 ~ 9.3.3 节可知，取值分别为 0.9954、0.9664、0.3665。因此，2015 年澄碧河水库可能的漫坝易损度为

$$
\begin{aligned}
V &= a_1 F_生 + a_2 F_经 + a_3 F_{社环} \\
&= 0.737 \times 0.9954 + 0.105 \times 0.9664 + 0.158 \times 0.3665 \\
&= 0.89
\end{aligned}
$$

根据漫坝易损度的等级划分标准(详见表 9.7)知，澄碧河水库漫坝易损度为 0.89，属于"极高易损"级别，其含义为：若澄碧河水库漫坝，其失事后果将会是特重大事故。建议提供 1 小时以上的预警，及时指派救援队，立即转移风险人口和可移动财产。

9.4　小　　　结

本章通过建立水库汛期易损度模型来对水库防洪安全进行易损性评价。首先，总结了传统失事后果的估算方法及存在的问题；然后，根据综合评价理论建立了水库漫坝易损度模型，模型中权重通过 AHP 法确定，分类后的各项易损度通过对应的失事后果估算值归一化确定；最后，根据国家对安全事故的等级划分规定，确定了漫坝易损度的等级划分标准。在此基础上，以澄碧河水库为例进行汛期易损性评价，结果是澄碧河水库漫坝易损度为 0.89，属于"极高易损"级别。

第10章 水库汛期风险性评价

本章在第8章危险性评价和第9章易损性评价的基础上,建立土坝水库汛期风险度定量评估模型,并给出风险度等级划分标准和评价指南。以澄碧河水库为实例,分析汛期分期不同汛限水位方案下的危险度和易损度,最后结合两者成果进行风险性评价,据此研究澄碧河水库分期汛限水位调整方案。

10.1 传统风险标准概述

10.1.1 风险标准

风险标准是建立在失事后果评估之上的,用来判断评估的风险值是否超过一定的界线。风险标准确定的原则一般有 ALARP、GAMAB、MEM 3 种(高建明等,2007;尚志海、刘希林,2010)。ALARP 原则指风险在合理可行的情况下尽可能低,直至在进行成本效益分析后发现投入经费与减少的风险非常不匹配时,风险才不必再降低,即风险可以被容忍。GAMAB 原则指一个系统新的风险水平应与已有系统4 的风险水平相当。MEM 原则指一个新系统的风险不应超过任何年龄段人的死亡率。其中,ALARP 原则应用最广泛。

采用 ALARP 原则建立的风险标准一般分为可接受风险标准和可容忍风险标[20,29,116],从而将风险分为可接受风险、可容忍风险和不可容忍风险 3 个区域。可容忍风险区又称为 ALARP 过渡带。若所估算的风险值处于可接受风险区,则不需要采取措施减少风险;若处于可容忍风险区,则应利用成本效益分析法确定是否应采取措施减少风险;若风险处于不可容忍风险区,则应不考虑成本地采取强制措施减少风险,(图 10.1)。

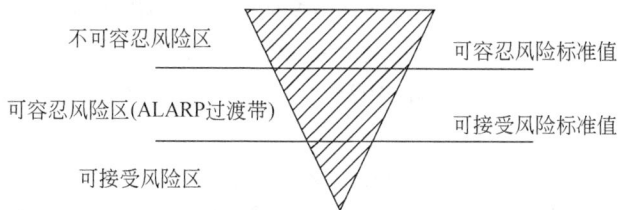

图 10.1 ALARP 原则建立的风险标准

根据已有成果,国内外研究的风险标准类别与失事后果的分类是相对应的,即当失事后果分为生命损失、经济损失、社会损失和环境损失四类时,风险标准也相应地分为生命风险标准、经济风险标准、社会风险标准和环境风险标准四类。

1. 生命风险标准

生命风险可分为个人生命风险和社会生命风险。个人生命风险指某一长期生活在固定地点的未采取任何保护措施的生命个体遭受偶然事故死亡的概率,社会生命风险指某群体遭受偶然事故死亡的概率。生命风险标准根据研究对象的不同,分为个人生命风险标准和社会生命风险标准两种,采用 ALARP 原则后,每种又包含可接受生命风险标准和可容忍生命风险标准。

1) 个人生命风险标准

可接受个人生命风险标准一般取可容忍个人生命风险标准的 10%。澳大利亚大坝委员会(ANCOLD)根据本国人口最低死亡率制定已建坝的可容忍个人生命风险标准为 1×10^{-4}/a,可接受个人生命风险标准为 1×10^{-5}/a。荷兰根据个人参与风险活动的意愿程度,将可接受个人生命风险标准确定为为 $1\times10^{-6}\sim1\times10^{-2}$/a,可容忍个人生命风险标准范围确定为 $1\times10^{-5}\sim1\times10^{-1}$/a。美国、挪威、俄罗斯等国也相应制定符合自身国情的可容忍个人生命风险标准和可接受个人生命风险标准。

在中国,根据 2003 年统计,人口自然死亡率约为 6.5×10^{-3},没有按年龄段划分的死亡概率分布资料;各类自然灾害造成的死亡概率约为 1.7×10^{-6};乘坐非机动车辆意外死亡的概率约为 1.7×10^{-4},乘坐机动车辆意外死亡的概率约为 3.3×10^{-4}。目前,公众舆论普遍抱怨车祸过于频发,对乘机动车辆出行的安全开始担忧,表明人们对大 3.3×10^{-4} 的生命单个风险不再能够容忍。因此,目前可以将我国大坝可容忍生命单个风险标准定为 3.0×10^{-4},低于这个风险认为是可容忍的,超过这个风险认为是不可容忍的。随着社会经济的发展与公众安全意识的提高,政府已经开始采取一系列措施,并出台或完善相关法规,大力整治公共安全问题,可逐渐将我国的大坝可容忍个人生命风险标准提高至与国际接轨水平的 1.0×10^{-4}。

2) 社会生命风险标准

社会生命风险标准确立的方法主要有 F-N 曲线法、F-N 曲线与 ALARP 原则结合法、FAR 值法 3 种。F-N 曲线最初应用在核电站的风险评价中,表示死亡人数 N 与死亡超过 N 人的概率 F 之间的关系,F-N 曲线法中社会生命风险标准用年死亡人数的期望值表示,加拿大哥伦比亚水电局 BC Hydro 和美国垦务局 USBR 用此法分别制定其可容忍社会生命风险标准为 10^{-3} 人/(a·坝)和 10^{-2} 人/(a·坝)。F-N 曲线与 ALARP 原则结合法中确定曲线的起点位置和斜率是关键,曲线的起点位置一般在生命损失概率分别为可容忍风险标准值和可接受风险标准值处,根据 Ball 和 Floyd (1998)、荷兰建设环保部对 F-N 曲线的研究,曲线斜率确定为 -1。

每年生命损失期望值实际上是 F-N 线包含的面积,由于每年生命损失期望值法不直观,且不能很好地反映溃决概率极低但后果极大的风险,因此目前除了美国垦务局应用每年生命损失期望值对其坝群进行排序外,一般都应用 F-N 线法。

图 10.2 为澳大利亚大坝委员会采用 F-N 线法制定的社会生命风险标准。由图 10.2 可见,在澳大利亚,高于 1.0×10^{-3} 的年社会风险是不可容忍的,低于 1.0×10^{-4} 的年社会风险是可以接受的。值得注意的是,图 10.2 中的两条水平线是澳大利亚大坝委员会根据目前知识、大坝技术以及估算风险方法得出的,对于可容忍风险和不可容忍风险之间的线,以 20 世纪澳大利亚年平均溃坝率的 10% 来确定;对于可容忍风险和可接受风险之间的线,以年平均

溃坝率的 1% 来确定。

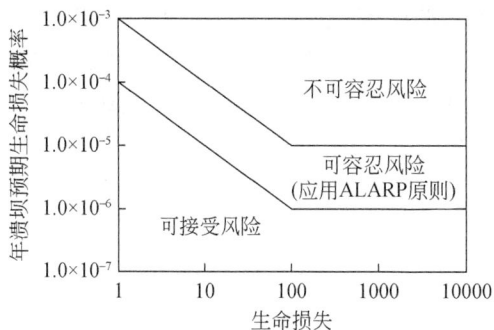

图 10.2　澳大利亚大坝委员会生命社会风险标准

　　F-N 线法非常直观,有学者建议我国的大坝社会生命风险标准也采用该法确定(李雷等,2006)。同时,因我国小型水库的安全状况与管理水平同大中型水库相比存在很大的差距,宜按大中型水库大坝和小型水库大坝分别制定社会生命风险标准,其中大中型水库应尽量向西方发达国家的标准靠拢,小型水库可暂时适当降低标准。

　　1982~2000 年,我国大中型水库平均年溃坝率为 0.88×10^{-4},小型水库为 2.62×10^{-4};溃坝死亡人数少则几人,多则几百人。假定溃坝死亡人数在 10~100 人之间,则对大中型水库,年溃坝生命损失风险为 0.88×10^{-3}~0.88×10^{-2};对小型水库,年溃坝生命损失风险为 2.62×10^{-3}~2.62×10^{-2}。溃坝生命损失风险上限一般是不可容忍的,因此以下限作为可容忍风险标准,李雷等(2006)据此建议我国大中型水库大坝 F-N 线起点为 1.0×10^{-3},小型水库大坝 F-N 线起点为 2.5×10^{-3}(李雷等,2006)。

　　同时,参照澳大利亚大坝委员会的建议,以年均溃坝率的 10% 作为可容忍风险的水平极值线,以年均溃坝率的 1% 作为可接受风险的水平极值线。因此,大中型水库大坝的可容忍社会生命风险的水平极值线为 1.0×10^{-5},可接受社会生命风险的水平极值线为 1.0×10^{-6};小型水库大坝的可容忍社会生命风险的水平极值线为 2.5×10^{-5},可接受社会生命风险的水平极值线为 2.5×10^{-6}。

　　李雷等经研究提出我国水库大坝社会生命风险标准 F-N 线参考图,分别如图 10.3 和图 10.4 所示。其中,大中型水库大坝社会生命风险标准与澳大利亚大坝委员会的社会生命风险标准相同。

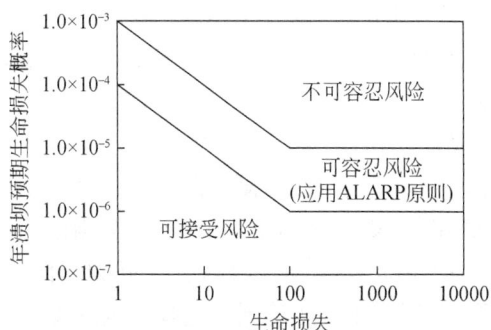

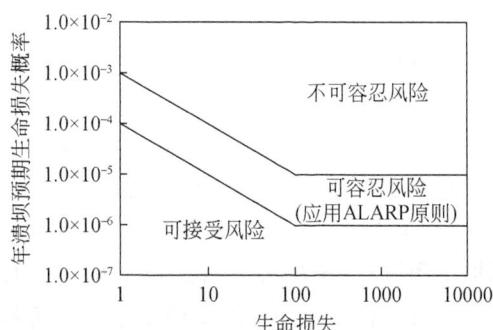

图 10.3　我国大中型水库大坝社会生命风险标准建议图　图 10.4　我国小型水库大坝社会生命风险标准建议图

2. 经济风险标准

目前,关于经济风险标准的研究成果与生命风险标准相比偏少,且尚未形成统一的标准。国外各国的经济风险标准一些是根据自身承担风险的能力确定,一些是通过大量风险评估资料统计分析得出,加拿大哥伦比亚水电局 B. C. Hydro 提出的 US\$10000/(a · 坝)属于前者,澳大利亚大坝委员会利用 ALARP 原则制定的经济风险标准 F-N 曲线图属于后者(李雷等,2006)。图 10.5 是澳大利亚大坝委员会在对大量水库大坝进行风险评估的基础上制定的经济风险标准。

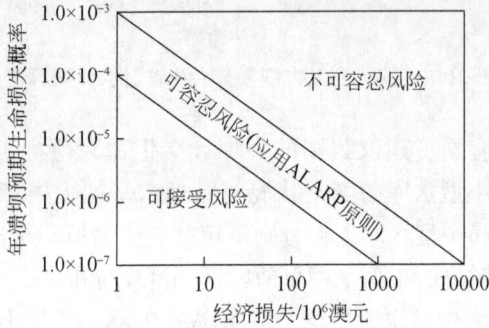

图 10.5　澳大利亚大坝委员会经济风险标准

中国地区经济发展不平衡,人口分布密度程度不相同,因而制定统一的经济风险标准尤为困难。国内各地区可以根据当地自身情况制定相应标准,例如在经济发达地区,可采用国际标准,即经济损失为 1 亿元人民币时,可容忍和可接受经济风险标准分别确定为 1×10^{-4} 和 $1 \times 10^{-6}/a$;在经济欠发达地区,可降低标准,经济损失为 1 亿元人民币时,可容忍和可接受经济风险标准可分别确定为 $5 \times 10^{-4}/a$ 和 $5 \times 10^{-6}/a$。根据 ALARP 原则,若超过可容忍社会生命风险标准,应采取强制性措施,降低风险;若处于 ALARP 过渡带,应进行成本效益分析控制风险。

我国东西部地区经济发展极不平衡,东部地区经济发达,人口与城镇集中、密度大,经济风险承受能力较强;西部地区经济欠发达,人口与城镇密度较小,经济风险承受能力相对较弱。在相同工程安全的前提下,东部地区水库大坝溃坝造成的经济损失一般要比西部地区高很多,如果在全国采取同一经济风险标准,对东部地区可能过于苛刻,很可能造成大量的险库,与除险的投入很不相称;而西部地区又过于宽松,即使工程安全性较差,险库也很少,达不到控制风险的目的。所以,在现阶段的中国,应考虑经济发展的不平衡性,根据不同地区的经济发展水平与经济风险承受能力,分别制定适合本地区的经济风险标准。

中国地区经济发展不平衡,人口分布密度程度不相同,因而制定统一的经济风险标准尤为困难。李雷等参照澳大利亚大坝委员会及加拿大 B. C Hydro 制定的经济风险标准,结合国内情况,并对比我国与澳大利亚、加拿大的经济发展水平,对东部沿海如广东、浙江、江苏等经济发达地区,认为当溃坝经济损失超过 1 亿元人民币时,年溃坝概率大于 1×10^{-5} 是不可容忍的,小于 1×10^{-6} 是可接受的;对西部如青海、贵州、宁夏等最不发达地区,认为当溃坝经济损失超过 2000 万元时,年溃坝概率大于 1×10^{-5} 是不可容忍的,小于 1×10^{-6} 是可接受的;其他地区可根据当地的经济发展水平与经济风险承受能力,在上述范围内选择。据此拟订的我国经济风险标准如图 10.6 和图 10.7 所示(李雷等,2006)。

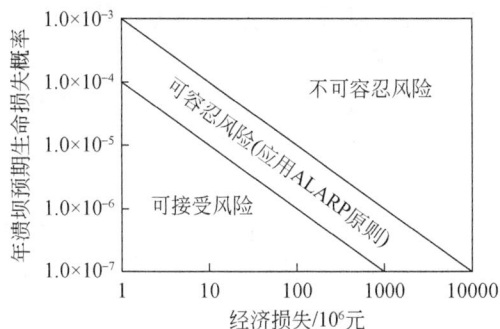

图 10.6　我国东部沿海经济发达
地区经济风险标准建议图

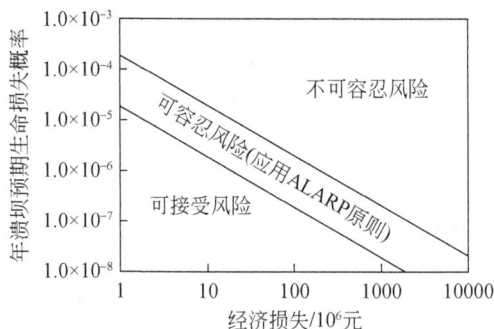

图 10.7　我国西部经济最不发达
地区经济风险标准建议图

3. 环境风险标准

由于溃坝对环境造成的损失一般很难采用货币定量计算,国际上迄今对此研究较少。我国大型水库大坝很多(如三峡、小浪底、丹江口、新安江等),一旦溃坝,可能对下游生态环境造成巨大破坏。一般来说,库容与坝高是一座水库大坝溃决对生态环境造成破坏程度的主要决定性因素。李雷等(2006)根据破坏力指标 D 的大小,通过控制溃坝概率来拟订生态环境风险标准,如图 10.8 所示(李雷等,2006)。其中 D 可按下式进行计算

$$D = V \times H \tag{10.1}$$

式中,D 为破坏力指标,m^4;V 为库容,m^3;H 为坝高,m。

同时,我国又是一个历史悠久、江山秀丽、生物丰富多样的文明古国,历史与自然文化遗产、自然景观、稀有动植物及濒危物种众多,一旦溃坝,造成的毁坏大都不可再生,是人类文明的重大损失。可根据上述被保护对象的级别与重要性,通过控制溃坝概率来拟订人文与自然环境风险标准,如图 10.9 所示。其中,Ⅰ类人文或自然景观保护对象为世界级文化遗产(如敦煌、秦始皇兵马俑等)、世界级自然遗产(如九寨沟、张家界等)、世界级濒危稀有动植物物种及其栖息地(如扬子鳄、大熊猫等);Ⅱ类人文或自然景观保护对象为国家 4A 级风景名胜、国家级文物保护对象、国家一级保护动植物及其栖息地;Ⅲ类人文或自然景观保护对象为国家 4A 级以下风景名胜、国家一级以下保护动植物及其栖息地;Ⅳ类人文或自然景观保护对象为省级文物及动植物保护对象;Ⅴ类人文或自然景观保护对象为地市级文物及动植物保护对象。

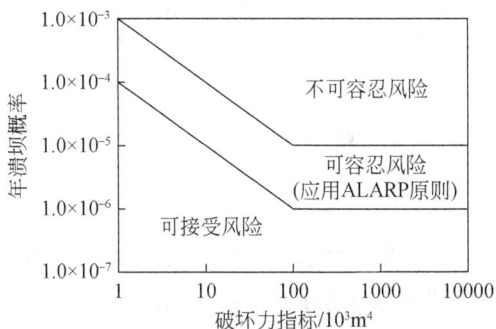

图 10.8　我国生态环境风险标准建议图

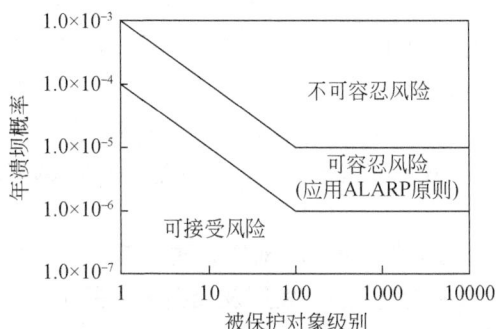

图 10.9　我国人文与自然环境风险标准建议图

4. 社会风险标准

在发达国家,由于对突发事件的应急处理机制、保险制度及国家赔偿制度比较完善,溃坝一般不会引起大的社会风险,因此缺少对社会风险的研究。

我国正处于社会主义发展的初级阶段,水库大坝管理体制不健全,保险与国家赔偿制度不完善,溃坝容易产生或激化社会矛盾,产生严重的社会后果,因此,有必要研究制定溃坝社会风险标准。

溃坝产生的社会后果一般与水库大坝规模以及下游影响人口、城镇、交通干线、石矿企业等因素有关,李雷等根据这些因素构筑溃坝后果的综合影响指数 C_f。然后,根据 C_f 的大小,通过控制溃坝概率来拟订社会风险标准,如图 10.10 所示(李雷等,2006)。

C_f 按下式进行计算

$$C_f = m_1 m_2 V H_i N \tag{10.2}$$

式中, C_f 为下游影响城市重要性系数; $m_1 = 1 \sim 10$,影响首都时,取 $m_1 = 10$,影响中心省会城市(如西安、武汉、沈阳等)时,取 $m_1 = 5$,影响一般省会城市与计划单列市时, $m_1 = 2.5$; m_2 为下游影响基础设施重要性系数, $m_2 = 1 \sim 3$,影响国家重要交通干线(如京沪线、京广线等)及输油、输气、输电管线(如西气东送管线)时,取 $m_2 = 3$;影响国道时,取 $m_2 = 2$; V 为库容, $10^8 m^3$; H 为坝高,10m; i 为水库大坝下游河道平均坡降; N 为下游风险人口,万人。

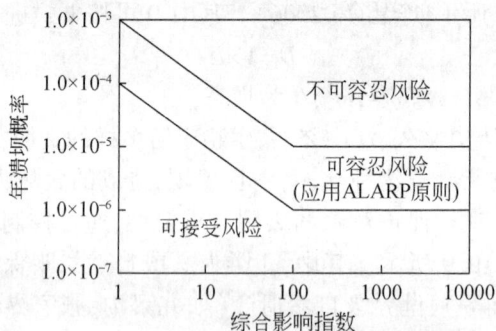

图 10.10   我国溃坝社会风险标准建议图

10.1.2   存在问题

确定风险标准是进行风险评价的一项重要工作,其合理性直接影响风险决策和风险管理的正确性。迄今为止,国内外风险标准的研究成果虽然很多,但是因为风险分析引入大坝安全评价领域的时间不长,所以还存在一些问题。

(1)环境和社会风险研究不够。在四种风险标准中,环境风险标准和社会风险标准的研究成果最少,这与人们对自身生活环境越来越重视的事实不太相符,故应加强这两方面的研究。

(2)缺乏公认的风险标准体系。风险标准的确定与风险值息息相关,各国所处地理环境、人口数量、经济发展及社会结构的不同一般会造成其大坝防洪风险取值范围的不同,故风险标准不具有普遍适用性。根据各地区的社会经济发展和人口密集程度等因素,制定适合自身情况的风险标准。

(3)综合风险标准尚未建立。传统的风险评价模型中风险标准有 4 种,对同一溃坝事件而言,不同的风险标准很有可能会得到不同的评价结果,这样就很难得到准确的风险评价结果。如果能将 4 种风险标准统一制定成一个标准,那么风险评价的工作量将会大大减小,评价结果也更容易确定。

因此,传统的风险标准并不适用于水库汛期分期调度防洪风险定量评价,本章将采用风险度作为统一的综合风险评价标准,为水库防洪安全评价提供依据。

10.2　风险度定量评估模型

目前,国内外学者在大坝安全领域的风险研究中,对风险的定义主要分为两种,一种定义为事件的不确定因素产生某种程度损失的概率,只考虑事故发生的概率,称为狭义的风险;另一种定义为事故发生的概率和后果严重程度的度量,同时考虑失事概率和失事后果,称为广义的风险。这两种风险定义中,认可度较高的是广义的风险。

1991 年,联合国人道主义事务部对自然灾害风险定义为

$$R = H \times V \tag{10.3}$$

式中,R 为风险度,取值[0,1];H 为危险度,取值[0,1];V 为易损度,取值[0,1]。危险度 H 可体现灾害发生的概率,它与广义的风险定义中的失事概率相对应;易损度 V 可体现事物抵抗灾害的能力,用受灾区可能发生的人、财、物的潜在最大损失程度表示,它与广义的风险定义中的失事后果相对应。因此,用风险度 R 定量评估风险大小,与广义的风险定义是吻合的。

风险度是一个具体的数值,能够反映事物产生风险的大小,可以作为风险定量评估的统一指标,这与传统的风险标准是不同的。传统的风险标准有 4 种,相应得到的评估结果也可能会有 4 种,这种情况下的风险评估结果是难以确定的,而用风险度作为唯一的指标可以避免这个问题。并且,风险综合评价已成为一种发展趋势,需要寻求一种综合评价指标,而风险度符合要求。因此,风险度模型不仅优化了传统的风险标准,也顺应了风险综合评价的发展趋势。

采用风险度模型评估土坝水库风险大小时,式(10.1)中的危险度 H 应体现土坝水库的失事概率,因土坝失事原因中漫顶是失事主要原因,且失事模式中漫顶溃坝是主要失事模式,故本章中危险度 H 体现土坝水库的漫顶风险率;式(10.1)中的易损度 V 应体现土坝水库的失事后果,而由于土坝漫顶所造成的最大事故是溃坝,故本章中易损度 V 体现土坝水库漫顶溃坝的失事后果。

将危险度模型式(8.37)和易损度模型式(9.3)代入式(10.1)中得到风险定量评估表达式为

$$R = \begin{cases} 0 & P < P_{社接} \\ \left[\dfrac{\lg\left(\dfrac{P}{P_{社接}}\right)}{\lg\left(\dfrac{10P_{设计}}{P_{社接}}\right)} \right]^{b} \times (a_1 F_{生} + a_2 F_{经} + a_3 F_{社环}) & P_{社接} \leqslant P \leqslant 10P_{设计} \\ a_1 F_{生} + a_2 F_{经} + a_3 F_{社环} & P > 10P_{设计} \end{cases} \quad (10.4)$$

式中,R 为风险度,取值[0,1];P 表示漫坝风险率;$P_{社接}$ 表示社会公众可接受的漫坝风险率;$P_{设计}$ 表示水库大坝的防洪设计标准;b 为参数;a_1、a_2、a_3 分别表示生命易损度、经济易损度、社会与环境易损度的权重,取值[0,1];$F_{生}$、$F_{经}$、$F_{社环}$ 分别表示生命易损度、经济易损度、社会与环境易损度,取值[0,1]。

根据式(10.2)可以建立水库汛期分期调度防洪风险定量评估模型,只需将漫坝风险率 P 的计算式用式(8.15)表示并代入式(10.2)即可。

10.3 风险度等级划分及评价指南

风险度 R 是危险度 H 和易损度 V 的乘积,而危险度 H 和易损度 V 的等级划分分别见表8.2(以防洪设计标准1000年一遇为例)和表9.7,故风险度 R 的等级划分标准及指导意义见表10.1(以防洪设计标准1000年一遇为例)。

表 10.1 风险度的分级标准及指导意义

风险度 R	分级	含义	指导意义
0.00 ~ 0.21	低度风险	大坝漫坝失事概率在公众可接受范围内且失事后果很小	大坝安全,附近可投资开发
0.21 ~ 0.42	中度风险	大坝漫坝失事概率接近大坝的校核标准且失事后果较小	大坝较安全,附近可适当投资开发,适当进行大坝观测
0.42 ~ 0.65	高度风险	大坝漫坝失事概率已超过大坝的校核标准接近防洪设计标准且失事后果较大	大坝不安全,附近应避免开发,密切观察大坝安全,并适当采取措施降低风险
0.65 ~ 1.00	极高风险	大坝漫坝失事概率已超过大坝的防洪设计标准且失事后果极大	大坝极不安全,附近不能投资开发,立即采取措施降低风险,并立即转移风险人口和可移动财产

由表10.1可知,风险度的等级划分界线值为0.21、0.42和0.65,风险度为0.21表示大坝漫坝失事概率在公众可接受范围内且失事后果很小,风险度为0.42表示大坝漫坝失事概率接近大坝的校核标准且失事后果较小,风险度为0.65表示大坝漫坝失事概率已超过大坝的校核标准接近防洪设计标准且失事后果较大。因此,为保证土坝水库的正常运行,较好地发挥水库防洪作用,其风险度应遵守"不高于中度风险"的取值原则,即对于防洪设计标准1000年一遇的土坝水库而言,其风险度应不高于0.42。

10.4　工程应用实践

根据第 8 章和第 9 章中实例研究内容可知:澄碧河水库汛期各分期在不同汛限水位方案下的漫坝危险度 H 已知(见表 8.8),澄碧河水库漫坝易损度 V 为 0.89。根据风险度模型,结合已有危险度 H 和易损度 V 研究结果,可得到澄碧河水库在汛期各分期不同汛限水位方案下的风险度,结果见表 10.2。

表 10.2　澄碧河水库汛期各分期不同汛限水位方案下的风险度

汛限水位/m			漫坝危险度	漫坝易损度	风险度
前汛期	主汛期	后汛期			
185.00	185.00	185.00	0.42	0.89	0.37
185.00	185.00	185.50	0.42	0.89	0.38
185.00	185.00	186.00	0.43	0.89	0.38
185.00	185.00	186.50	0.46	0.89	0.41
185.00	185.00	187.00	0.55	0.89	0.49
185.00	185.00	187.50	0.57	0.89	0.51
185.00	185.00	188.00	0.64	0.89	0.57
185.00	185.00	188.50	0.68	0.89	0.60

根据表 10.2 的计算结果和风险度的取值原则可知,澄碧河水库(防洪设计标准为 1000 年一遇)在保证水库能正常运行的情况下,风险度应不高于 0.42,故汛期各分期的汛限水位取值范围应确定为:前汛期和主汛期为 185.00m,后汛期 185.00～186.50m。

水库最优调度方案应该满足"防洪风险不超标"和"兴利效益最大化"两个原则,汛限水位是调度规则中的一项重要内容,也应满足以上两个原则。由 10.4.1 节中澄碧河水库汛期分期汛限水位可取值的范围可知,在前汛期和主汛期汛限水位 185.00m 不变的情况下,后汛期汛限水位为 186.50m 时,风险度最接近且小于 0.42,即此时的漫坝风险率最接近且未超过大坝的校核标准,故澄碧河水库的最优汛限水位方案为:前汛期和主汛期 185.00m、后汛期 186.50m。

10.5　小　　结

本章基于风险理论建立了水库汛期分期风险度定量评价模型,并给出风险度等级划分与评价指南。实例工程计算结果表明:在中度风险范围内,澄碧河水库汛限水位方案可确定为前汛期和主汛期 185.00m,后汛期 185.00～186.50m。但是,前述结果是从满足风险的角度分析提出的,与水库调度往往涉及风险和效益多个因素有关的实际情况不符。因此,有必要开展水库汛期汛限水位的多目标模糊优选研究。

第11章 水库汛期分期汛限水位调整

水库汛期的分期汛限水位调整涉及社会经济、生态环境等诸多因素。因此,单纯以经济效益为中心或以防洪效益为中心的单目标规划方法不够合理,需要采用多目标决策(Multiple Criteria Decision Making)的方法来进行汛限水位调整。本章节将介绍多目标模糊优选理论,在此基础上,探讨该方法在水库汛期分期汛限水位调整中的工程应用。

11.1 水库汛限水位控制基础理论

11.1.1 水库特征水位

水利工程规划设计中的特征水位主要有汛限水位(防洪限制水位)、防洪高水位、设计洪水位、校核洪水位、正常蓄水位和死水位。

1. 汛限水位

汛限水位定义:汛限水位也称防洪限制水位(汛期限制水位),是水库在汛期允许兴利蓄水的上限水位,也是汛期水库防洪调度时的起调水位。汛限水位是计算各种类型特征库容如防洪库容、拦洪库容、调洪库容、重叠库容的参考标准水位,是协调防洪和兴利关系的关键,对工程防洪效益、发电灌溉等兴利效益、通航水深、泥沙淤积,以及水库淹没指标等均有直接影响,具体研究时要结合工程开发条件、防洪调度方式,全面进行分析比较后选定。

2. 防洪高水位

防洪高水位是指水库遭遇到下游防洪保护对象的设计洪水时,在坝前达到的最高水位。它与汛限水位之间的库容称为防洪库容。只有当水库承担下游防洪任务时,才需要确定这一水位。此水位可采用相应下游防洪标准的各种典型洪水,按拟定的防洪调度方案,自汛限水位起始调洪计算求得。水库上游允许淹没水位(高程)也属于防洪高水位范畴,应用允许淹没标准洪水按拟定的防洪调度方式,自汛限水位起始调洪计算求得。

3. 设计洪水位

设计洪水位是指水库遇到大坝的设计洪水时,在坝前达到的最高水位。它与汛限水位之间的库容称为拦洪库容。它是水库正常运用情况下允许达到的最高水位,也是挡水建筑物稳定性计算的重要依据之一。可采用相应的大坝防洪标准的各种典型洪水,按拟定的防洪调度方式,自汛限水位起始调洪计算求得。

4. 校核洪水位

校核洪水位是指水库遇到大坝的校核洪水时,在坝前达到的最高水位。它与汛限水位之间的库容成为调洪库容。它是水库在非常运用情况下,短期内允许达到的最高水位,是确定大坝坝顶高程及进行大坝安全校核的重要依据。此水位可采用相应大坝校核标准的各种典型洪水,按拟定的防洪调度方式,自汛限水位起始调洪计算求得。

5. 正常蓄水位

正常蓄水位是指水库在正常运用情况下,为满足兴利要求,应在开始供水时蓄到的最高水位,也称正常高水位、兴利蓄水位、设计蓄水位。此水位通常根据设计标准兴利需水量、拟定的兴利调度方式、调节设计标准的各种典型径流过程求得。它与汛限水位之间的库容称为重叠库容,俗称共用库容或重复库容。正常蓄水位决定水库的规模、效益和调度方式,也在很大程度上决定水工建筑物的尺寸、形式和水库的淹没损失,是水库重要的一项特征水位。当采用无闸门控制的泄洪建筑物时,它与泄洪堰顶高程相同;当采用有闸门控制的泄洪建筑物时,它是闸门关闭时允许长期维持的最高蓄水位,也是挡水建筑物稳定性计算的重要依据。

6. 死水位

死水位是指水库在正常运用情况下,允许消落的最低水位,曾称为设计低水位。它以下的库容称为死库容。它与正常蓄水位之间的库容称为兴利库容,也称调节库容。日调节水库在枯水季节水位变化较大,一般每 24 小时内将有一次消落到死水位。年调节水库一般在设计枯水年供水期末才消落到死水位。多年调节水库只有在连续枯水年组成的枯水段末才消落到死水位。水库正常蓄水位与死水位之间的变幅称为水库消落深度。一些调节性能低而径流较丰沛的水库,死水位等于汛限水位。

7. 汛限水位的重要意义

水库的重叠库容大小依据汛限水位的位置而变化。当水库设计功能以发电等兴利任务为主,防洪任务为次时,则往往汛限水位等于正常蓄水位,重叠库容为零;若防洪任务重,水量充沛且调节性能低时,则汛限水位等于死水位,重叠库容最大,等于兴利库容;通常汛限水位在正常蓄水位与死水位之间,重叠库容小于兴利库容。

科学地设计与控制汛限水位,能够优化设计与运用重叠库容。它可以减少专用防洪库容降低设计投资,或同样的造价可以提高防洪标准;若分期设计与运用汛限水位,则可以提高兴利库容蓄满率、设计供水保证率;如果在实时调度中结合预见期内精度较高的洪水和降雨预报信息实时动态控制,则可以提高防洪标准、增加洪水资源利用量与提高供水保证率。这些防洪与兴利效益便是人们重视汛限水位设计与运用理论方法研究的动力。

11.1.2　水库汛限水位控制的理论方法

按照设计与运用所依据的信息类型和实时控制的理念与原则,可将目前已有的汛限水位控制方法分为两大类:若依据历史资料设计出汛限水位固定值,且要求实时运用中严格按照设计值控制,则定义为"汛限水位静态控制方法";若在汛期调度过程中,依据不同信息与方法设计出汛限水位域值,且在运用中循序实时水、雨、工情及可利用的预报等综合信息,在此域值内上下浮动,则定义为"汛限水位动态控制方法"。

动态控制方法不在本书范围内,下面主要介绍分期汛限水位静态控制的几种常见方法。

1. 固定汛限水位法

固定汛限水位法是汛限水位研究的传统方法。它在对河流、水库所在流域的水文气象条件、历年暴雨、洪水等资料进行分析的基础上,严格规定汛期起止时间并在此期间执行单一的汛限水位方案。

该方法通过对历年汛期洪量或洪峰频率进行统计分析,推求设计洪水过程线,在一定调度规则及设施条件约束下,经调洪演算得到汛期洪水调度起调水位,并以此作为整个汛期的防洪限制水位。其优点是简单易行,在运用过程中便于管理运作,易为人们所接受。然而,由此确定的单一汛限水位方案虽然能够调度稀遇洪水,但却忽视了汛期洪水沿时程的分布规律,使得汛末水位不能及时抬高拦蓄洪水,造成水资源的浪费。事实上,固定汛限水位法是以牺牲部分兴利效益为代价来保证防洪安全的。我国早期的水库由于受各种条件制约,几乎全部采用这种设计思想,在运行中暴露出的问题已经越来越多。现阶段,随着水资源供需矛盾的日益紧张以及科学技术的发展,该方法已逐渐被分期汛限水位法取代。

2. 分期汛限水位法

分期汛限水位法以洪水的季节性特点为依据,将汛期划分为若干阶段,针对不同时期采用适当的方法确定并执行各自的汛限水位方案。该方法由于考虑了汛期水文特性的规律,逐渐显示出其思想的先进性,已陆续运用到实践中。分期汛限水位确定方法研究已有了较大的发展,这些方法按其数学原理思想主要分为传统方法、模糊分析法、优化设计法及动态控制方法等。

1)传统方法

依据汛期不同时段的洪水特征的明显差别与规律,一般基于成因与统计分析确定汛期分期,各分期仍用前述计算方法求得相应的限制水位,运行中也严格按照分期设计值及相应的调洪方式控制。

在实际运用中,确定分期汛限水位的方法是以汛期分期为基础,接着推求各期同频率分期设计洪水过程,然后按水库运行原则分期进行调洪演算,从而确定水库分期汛限水位。当按分期设计洪水确定出的最大防洪库容小于按全年最大设计洪水过程线算出的防洪库容时,采用前者进行防洪调度会降低防洪标准,一般处理方法是以全年最大设计洪水代替各分期设计洪水最大库容,或经过分析,将全年最大设计洪水用于汛期中洪峰发生最频繁、量级最大的时段,其余各期则仍用分期设计洪水的计算成果。至于分期设计洪水标准,一般均取与全年最大设计洪水相同的标准(陈宁珍,1990;谭培伦等,1994)。

这种方法虽然在理论上没有得到充分论证,但由于考虑了汛期水文特性的分布规律,在实际运用中还是有效的。周庆义等(1995)将此方法运用于音河水库汛期分段控制研究中,运行几年来,提高了水库的调蓄能力,有效地缓解了防洪和兴利的矛盾。近年来,该方法在理论上有所发展,尤其是在分期设计洪水计算和汛期洪水随机模拟两方面。前者主要解决了分期设计洪水的统计选样、年最大洪水与分期最大洪水的对比分析以及频率不一致等问题,后者直接将汛期洪水过程视为随机变量,运用随机过程理论和时间序列分析方法建立洪水随机模型,生成大量洪水过程,以此推求分期汛限水位。华家鹏和孔令婷(2002)定义了组合频率法和库水位法,用实测资料来推求分期汛限水位和相应的设计洪水位,避免了频率不一致的问题;武鹏林和晋华(1999)利用随机函数理论,研究洪水随时程变化的概率分布,并将此成果运用于汾河水库汛期防洪限制水位的确定。经验证,该方法缓解了水库汛期防洪与兴利的矛盾,为水库汛期控制运用开辟了一条新途径。

通过多年的发展,常用方法取得了一定的发展,但其思想依然基于水文频率计算。因此,在运用中必然受防洪标准、洪水样本资料选取、频率曲线线型选用以及参数估计确定方法等多种带有较强的经验性特征的因素制约,不利于在理论上的突破和进展。

2)模糊统计法

它基于汛期的模糊描述或暴雨量级升降连续变化的统计规律,应用滑动平均法或按照汛期的隶属度预留防洪库容,并换算为逐日或旬控制的汛限水位值。

汛期各分期在时间上的界线并不是清晰的,具有量变到质变的中介过渡性。过渡时期内的某一时刻,同时具有非汛期和汛期(或前汛期和主汛期、主汛期和末汛期)的特性,很难用普通的集合论来描述。因此可将汛期作为一年时间论域 T 中的一个模糊子集 A,这样就可用隶属函数 $U_A(t)$ $(0 \leq U_A(t) \leq 1)$ 来描述过渡过程中任何一个时间 $t(t \in T)$ 属于汛期的程度(童黎熙,1996;陈守煜 1998)。分析洪水物理成因,确定控制汛期的主要物理成因指标与主汛期的大致范围是确定汛期绝对隶属度函数的基础。模糊统计法引用模糊数学理论,通过分析各分期隶属于汛期的程度确定汛期模糊子集隶属函数,直接求出汛期分期汛限水位(直接法);或求出各分期设计洪水,从而确定分期汛限水位(间接法)。该方法考虑了汛期水文特性在时间上的分布规律,不再用单一的防洪标准对待所有的洪水,因此,近年来得到了广泛的运用。

模糊统计法考虑了汛期在时间上的模糊性,在理论上有了较大的发展,具有先进性。但该方法只是在经验汛限水位过程线的基础上进行理论曲线拟合,并未进行相应风险因素的风险分析。对于全年降雨过程为"双峰"型的流域,尚需进一步研究隶属度函数的非凸性描述方法。虽然在描述汛期的指标选取、过渡期隶属函数模型建立及其参数确定、汛期样本跨期取样等方面该方法已有较多的研究成果,但仍没有形成完善的结论,因此,需要在理论上继续进一步探讨。

3)预报调度方式抬高汛限水位法

设计洪水汛限水位值仍用上述方法推求,但它的调洪方式却考虑了洪水预报信息。比较规范的调度方式能够提前判断发生洪水的量级,需要的防洪库容可减少,若保持原设计的防洪高水位、设计洪水位与校核洪水位不变,则可抬高汛限水位。

实时调度中严格要求按照抬高的汛限水位与预报调度方式运行。这种方法在北方的大伙房、清河、柴河、石头口门、新立城、碧流河、蕊窝、白龟山、东武仕、于桥等水库进行试用与检验。对于运行多年且洪水预报精度较高,预见期较长的水库,在设计洪水及其特征值复核时,可试用本方法。

4)多目标模糊优化法

水库的防洪和兴利是一对矛盾体,汛期调度既要追求风险最小化,又要满足效益最大化,因此,汛限水位确定实际是防洪风险与兴利效益等多目标的优化问题,可以采用数学规划的方法进行求解,其目标函数就是防洪、兴利等综合效益的最大化。多目标优化法利用了数学规划的相关理论成果,通过综合分析汛限水位调整给防洪、兴利等目标带来的影响,经寻优得出使不同汛期分期综合目标函数达到极值时的汛限水位方案集。该方法思路清晰,理论成熟,具有其他方法所不具备的优势。

复杂的水文信息具有高维特性,运用确定性数学方法进行计算时不可避免会遇到很大的困难。针对这种情况,解决的办法往往是通过建立结构简单的模型对原问题进行简化处理。因此,尽管优化方法有完善的理论支持,但在处理复杂的水文信息时,为了建立相对简化的模型不得不舍弃部分信息,致使问题存在过于理想化的可能。

3. 水库汛限水位静态控制的基本属性

分期汛限水位静态控制方法严格按照防洪设计或汛期计划阶段确定的汛限水位值及相应的防洪调度方式运行,属于规划设计或编制汛期控制运用计划范畴。

按照水利水电工程设计洪水计算及水利计算规范要求,静态控制的汛限水位值的设计方法可以概括为:首先,依据历年实测洪水(或暴雨)资料及历史特大洪水(或暴雨)资料,采用年最大取样法形成洪水系列,基于其随机特性以概率论与数理统计原理计算出不同典型的设计频率洪水过程;然后,设计不同的汛限水位方案与调洪规划方案,计算相应方案的防洪高水位、设计洪水位、校核洪水位、坝顶高程等防洪经济效益指标;最后,通过综合分析选定汛限水位及其相应的防洪运用方式与规则。水库运行期间应按照规范设计的汛限水位及其调洪规则进行调度。

从设计方法原理及其运行原则可以看出,汛限水位静态控制方法的理念是在全汛期内始终要预防设计标准的小概率洪水时间的发生,满足设计的防洪安全要求。其实质是承认以下基本假定,即:

(1)"设计标准的洪水随时可发生且机会均等"。认为汛期的实时调度阶段,任何时刻都有可能发生防洪或设计或校核标准水量值、峰与过程,此时由汛限水位起调且按照设计的调度规则调洪,才能保证水库及下游防洪安全。

(2)"面临时刻发生的洪水不一定是年最大洪水"。水库全汛期可能发生两次以上的洪水,年最大取样的洪水可能是第一场或第二场……或最后一场,实际运行中难以判断面临时刻发生的洪水是否属本年最大洪水,基于此假定,便要求本次洪水应尽快加大泄量,将库水位降到设计的汛限水位值以迎接下次更大的洪水。

(3)"汛限水位超设计值,水库防洪安全标准便降低"。在拟定的防洪调度方式下,设计与运用的汛限水位制约着防洪高水位、设计洪水位及校核洪水位。只要运用的汛限水位超过设计值,便认为防洪特征水位也超原设计值,降低了水库防洪设计标准,防洪不安全;若汛限水位低于防洪设计值,则正常蓄水概率降低,兴利效益减小。

汛期分期设计与运用汛限水位的每一期控制的理念同上所述。预报调度方式尽管采用洪水预报的调度方式,比原设计可以提前判断洪水量级而可抬高汛限水位,但是调洪仍依据原设计洪水成果,并严格静态控制汛限水位值,故控制理念未变。

11.2　多目标模糊优选法理论

多目标模糊优选法以评价指标及其权值的获取为存在前提,以模糊集合论的隶属函数为桥梁,将模糊信息加以定量化,根据实际情况灵活有效地确定多属性决策问题指标体系及权值系统。其实质是将多目标系统转变为一个综合单目标系统,然后进行优选决策。而一个具体的水利工程可以有防洪、发电、灌溉、工业及生活供水、航运、旅游等多种功能,相应的各种效益需要用统一的指标来描述,因此,建立多目标模糊优选理论是必要的。

11.2.1　模糊优选理论

模糊优选理论是以自然辩证法的哲学思想为指导,结合模糊数学理论提出来的用于研究决策优劣的理论。多目标模糊优选的基础是建立目标体系和确定权重,模糊集合论中的隶属函数可以作为连接目标体系和最优决策方案的桥梁。通过隶属函数的定量计算来评判不同方案的优劣程度,从而将模糊信息定量化处理。实现将多目标系统问题转换成一个综合单目标系统问题的目的。最后,经过综合单目标比较确定最优决策(陈守煜. 1994;王建明,2004;莫崇勋等,2015)。

对于一个待优选的问题,若目标体系中有 n 个方案,组成方案集 $D = (D_1, D_2, \cdots, D_n)$,多目标集合为 $G = (G_1, G_2, \cdots, G_m)$,方案 D_i 对目标 G_j 的属性值为 $x_{ij}(i = 1, 2, \cdots, n; j = 1, 2, \cdots, m)$,矩阵 $X = (x_{ij})$ 表示为 m 个目标对 n 个方案的特征矩阵,如下式:

$$X = (x_{ij}) = \begin{bmatrix} x_{11} & x_{12} & \cdots & x_{1n} \\ x_{21} & x_{22} & \cdots & x_{2n} \\ \vdots & \vdots & \ddots & \vdots \\ x_{m1} & x_{m2} & \cdots & x_{mn} \end{bmatrix} \tag{11.1}$$

在对目标体系进行标准化时,对于属性为效益型和风险型的目标,应分别采用式(11.2)和式(11.3)进行计算。通过标准化可以将特征矩阵转化为对应的相对隶属度矩阵,如下式

$$r_{ij} = \frac{x_{ij} - \min\limits_{j} x_{ij}}{\max\limits_{j} x_i - \min\limits_{j} x_i} (\text{效益型目标,越大越优}) \tag{11.2}$$

$$r_{ij} = \frac{\max\limits_{j} x_{ij} - x_{ij}}{\max\limits_{j} x_i - \min\limits_{j} x_i} (\text{风险型目标,越小越优}) \tag{11.3}$$

$$R = (r_{ij}) = \begin{bmatrix} r_{11} & r_{12} & \cdots & r_{1n} \\ r_{21} & r_{22} & \cdots & r_{2n} \\ \vdots & \vdots & \ddots & \vdots \\ r_{m1} & r_{m2} & \cdots & r_{mn} \end{bmatrix} \tag{11.4}$$

若将矩阵式(11.4)中每一行的最大值和最小值分别提取出来,则可以分别表示为理想最优方案和理想最劣方案

$$r_g = (r_{g1} \quad r_{g2} \quad \cdots \quad r_{gm}) = (\max r_{1i} \quad \max r_{2i} \quad \cdots \quad \max r_{mi}) = (1 \quad 1 \quad \cdots \quad 1) \tag{11.5}$$

$$r_b = (r_{b1} \quad r_{b2} \quad \cdots \quad r_{bm}) = (\min r_{1i} \quad \min r_{2i} \quad \cdots \quad \min r_{mi}) = (0 \quad 0 \quad \cdots \quad 0) \tag{11.6}$$

待优选的各方案都对最优方案和最劣方案存在一定的隶属关系,较最优方案称为优属度,用 u_{gi} 表示;较最劣方案称为劣属度,用 u_{bi} 表示。于是,由优属度和劣属度构成最优模糊划分矩阵为

$$U = \begin{bmatrix} u_{g1} & u_{g2} & \cdots & u_{gn} \\ u_{b1} & u_{b1} & \cdots & u_{bn} \end{bmatrix} \tag{11.7}$$

式中，$u_{gi} \in [0,1]$，$u_{bi} \in [0,1]$，$u_{gi}+u_{bi}=1$。

多目标优选中，每个目标属性不同，对于优选的重要性也不相同，故需要对目标进行权重分配，表示为

$$\omega = (\omega_1, \omega_2, \cdots, \omega_m)^T \tag{11.8}$$

式中，$\sum_{i=1}^{m} \omega_i = 1$。

因此，针对任一方案 j 的相对优属度 $r_j = (r_{1j}, r_{2j}, \cdots, r_{mj})^T$，其与理想最优方案、理想最劣方案的广义距离可分别用下式表示

$$d_{jg} = \left\{ \sum_{i=1}^{m} [\omega_i (1 - r_{ij})^p] \right\}^{\frac{1}{p}} \tag{11.9}$$

$$d_{jb} = \left\{ \sum_{i=1}^{m} [(\omega_i r_{ij})^p] \right\}^{\frac{1}{p}} \tag{11.10}$$

式中，p 为距离参数，$p=1,2$ 分别为海明距离和欧氏距离。

根据式（11.7）和模糊集合理论的余集思想可知，若以 u_j 表示方案 j 的优属度，则其劣属度可以用 $u_j^c = 1-u_j$ 表示。如果以相对优属度和劣属度为权重，则加权理想最优方案和加权理想最劣方案的广义距离可以改进为

$$D_{jg} = u_j \left\{ \sum_{i=1}^{m} [\omega_i (1 - r_{ij})^p] \right\}^{\frac{1}{p}} \tag{11.11}$$

$$D_{jb} = (1 - u_j) \left\{ \sum_{i=1}^{m} [\omega_i (1 - r_{ij})^p] \right\}^{\frac{1}{p}} \tag{11.12}$$

由此可知，损失函数表达式为

$$F(u_j) = \min\left\{ u_j^2 \left\{ \sum_{i=1}^{m} [\omega_i (1 - r_{ij})^p] \right\}^{\frac{\alpha}{p}} + (1 - u_j)^2 \left\{ \sum_{i=1}^{m} [\omega_i (1 - r_{ij})^p] \right\}^{\frac{\alpha}{p}} \right\} \tag{11.13}$$

通过求导函数 $\dfrac{dF(u_j)}{du_j}=0$ 可知，最终求得优属度计算表达式为

$$u_j = \left\{ 1 + \left[\frac{\sum_{i=1}^{m} [\omega_i (1 - r_{ij})]^p}{\sum_{i=1}^{m} (\omega_i r_{ij})^p} \right]^{\frac{\alpha}{p}} \right\}^{-1} \tag{11.14}$$

式中，α 为优化参数，可取 1 或 2。

当 $\alpha=1$，$p=1$ 时，式（11.14）为模糊综合评判的模型，表示为

$$u_j = \sum_{i=1}^{m} \omega_i r_{ij} \tag{11.15}$$

当 $\alpha=1$，$p=2$ 时，式（11.14）为模型 *TOPSIS* 理想点模型，表示为

$$u_j = \left\{ 1 + \sqrt{\frac{\displaystyle\sum_{i=1}^{m} [\omega_i(1 - r_{ij})]^2}{\displaystyle\sum_{i=1}^{m} (\omega_i r_{ij})^2}} \right\}^{-1} \tag{11.16}$$

当 $\alpha=2, p=1$ 时,式(11.14)为 ANN 中的神经元的激励函数模型,表示为

$$u_j = \left\{ 1 + \left[\frac{\displaystyle\sum_{i=1}^{m} [\omega_i(1 - r_{ij})]}{\displaystyle\sum_{i=1}^{m} \omega_i r_{ij}} \right]^2 \right\}^{-1} \tag{11.17}$$

当 $\alpha=2, p=2$ 时,式(11.14)为经典模糊优选模型,表示为

$$u_j = \left\{ 1 + \frac{\displaystyle\sum_{i=1}^{m} [\omega_i(1 - r_{ij})]^2}{\displaystyle\sum_{i=1}^{m} (\omega_i r_{ij})^2} \right\}^{-1} \tag{11.18}$$

通过上述 4 种方法求解不同方案的相对优属度,再求解相对优属度的平均值,以优属度平均值衡量方案的优劣程度。对各个方案进行排序,平均相对优属度越大,表明该方案相对越优。因此,求得相对优属度最大对应的方案即为最优方案。

11.2.2　优选目标体系构建及权重确定理论

1. 优选目标体系构建

构建优选目标体系是进行多目标模糊优选的基础。针对调整汛限水位的多目标优选问题,因汛限水位调整后主要产生的效应分为风险和效益两大类,故优选目标体系中应当分为风险因子和效益因子。风险因子可以是抬高汛限水位而带来的风险率、风险率增加值、上游淹没损失和下游淹没损失等,而效益因子则主要与抬高汛限水位带来的多蓄水量有关,可以是发电量、供水量、多蓄水量和这些水产生的效益等。

2. 优选目标权重确定

在多目标模糊优选研究问题中,不同目标之间的权重直接会影响到最终相对优属度的值和最优方案的选择。因此,为了更加科学合理地确定不同目标之间的权重,本章采用主客观结合的综合权重法进行权重确定。权重法大体可分主观权重法和客观权重法两类。二元模糊比较法作为一种主观权重法,可充分考虑决策者的意愿,能较好地结合其偏好,适用性、灵活性和可操作性较强,但评价目标不宜过多,否则会因为决策者的偏好而影响结果的可靠性。熵权法作为一种客观权重法,则是从目标数据本身的变化特性进行客观分析计算,不会受决策者喜好影响。如此在分析数据本身时会缺少相应的灵活性和可操作性,也无法反映决策者对于部分目标的重视程度。因此,单独的一种权重分析法不能综合考虑决策者和目标的关系,也无法得到更可靠的评价结果。故本章采用主客观相结合的二元模糊比较—熵权法确定各评价目标的综合权重。

1）二元模糊比较法

设多目标模糊优选中的目标向量为 $P(p_1,p_2,\cdots,p_m)$，m 是目标的总个数。将目标进行两两对比便可得标度矩阵为

$$E=\begin{bmatrix} e_{11} & e_{12} & \cdots & e_{1m} \\ e_{21} & e_{31} & \cdots & e_{2m} \\ \vdots & \vdots & \ddots & \vdots \\ e_{m1} & e_{m2} & \cdots & e_{mm} \end{bmatrix} \tag{11.19}$$

将目标向量中的各目标分别对比分析，原则如下：

①若 p_k 较 p_l 重要，则 $e_{kl}=1$，$e_{lk}=0$；

②若 p_l 较 p_k 重要，则 $e_{kl}=0$，$e_{lk}=1$；

③若 p_l 较 p_k 同样重要，则 $e_{kl}=0.5$，$e_{lk}=0.5$。

此外，式（11.19）如果满足以下 3 个条件

①若 $e_{hk}>e_{hl}$，则有 $e_{lk}>e_{kl}$，$e_{lk}=1$，$e_{kl}=0$；

②若 $e_{hk}<e_{hl}$，则有 $e_{lk}<e_{kl}$，$e_{lk}=0$，$e_{kl}=1$；

③若 $e_{hk}=e_{hl}=0.5$，有 $e_{lk}=e_{kl}=0.5$。

则称 E 为满足重要性传递准则的重要性排序一致性标度矩阵。通过将 E 中各行进行求和，可以得到每一行的重要性标度值，标度值越大，表明其在目标向量中的重要程度越显著，反之则越不显著。

按照标度值大小进行排序，以排名第一的目标为基础，其他目标与其进行重要性比较分析，通过语气算子与相对隶属度的关系表 11.1 进行各目标相对隶属度的确定，得到 $w'=(w'_1,w'_2,\cdots,w'_m)$。最后通过归一化可得到各目标的主观权重。

$$w_i=\frac{w'_i}{\sum_{i=1}^{m}w'_i} \tag{11.20}$$

表 11.1　语气算子与相对隶属度对应关系

语气算子	同样	稍稍	略微	较为	明显	显著	十分	非常	极其	极端	不可比拟
相对隶属度	1	0.818	0.667	0.538	0.429	0.333	0.250	0.176	0.111	0.053	0

2）熵权法

熵权法（莫崇勋等，2015）主要是从数据本身出发，通过计算信息熵来反映目标对系统的影响程度。信息熵越大，权重越大，反之亦反。设有 n 个待选方案，优选目标体系中有 m 个目标，则熵权法确定客观权重的步骤为：

①求特征矩阵，即式（11.1）；

②采用式（11.2）和式（11.3）对特征矩阵标准化处理

$$R=(r_{ij})_{m\times n}(i=1,2,\cdots,m;j=1,2,\cdots,n) \tag{11.21}$$

③求各优选目标的熵

$$f=\frac{(1+r_{ij})}{\sum_{j=1}^{n}(1+r_{ij})} \tag{11.22}$$

$$H_i = \frac{-\sum_{j=1}^{n} f_{ij}\ln f_{ij}}{\ln n} \qquad (11.23)$$

式中，f_{ij} 为第 j 个待选方案中第 i 个目标的比重；H_i 为各方案的第 i 项目标的信息熵；n 为方案个数。

④求各评价目标的熵权

$$W = (\omega_i)_{1\times m} \qquad (11.24)$$

$$\omega_i = \frac{(1 - H_i)}{\sum_{i=1}^{m}(1 - H_i)} \qquad (11.25)$$

式中，W 为优选目标熵权特征向量；ω_i 为各优选目标的熵权，$\sum_{i=1}^{m}\omega_i = 1$。

11.2.3　水库汛期汛限水位多目标优选分析

水库洪水资源利用方式主要包括水库、河渠槽蓄和蓄滞洪区 3 个方面，其中洪水资源利用风险主要指风险率的计算以及蓄滞洪区洪灾经济损失估算，洪水资源利用效益包括农业灌溉效益、工业供水效益、城镇居民生活供水效益、生态供水效益以及水库发电效益的计算。

以流域洪水资源利用的风险效益综合评价为基础，对洪水资源利用的各个方案，通过风险分析、效益分析，定量计算由于采用洪水资源利用方案而产生的风险和效益，然后通过建立多目标模糊优选模型，在权衡风险与效益的基础上，优选出最理想方案，为决策者选择合理的洪水资源利用方案提供科学依据。

运用多目标模糊优选法对洪水资源利用进行方案优选，其中水库洪水资源利用主要以不同错峰调度方案为研究对象，选择水库水文综合风险率、农业灌溉效益、工业供水效益、城镇居民生活供水效益、生态供水效益和水库发电效益作为指标，水库水文综合风险率为越小越优型指标，其他 5 个效益指标为越大越优型指标；河渠槽蓄洪水资源利用主要以不同流量方案为研究对象，选择洪水漫溢风险率、洪水漫顶风险率、农业灌溉效益、工业供水效益、生态供水效益和城镇居民生活供水效益为指标，洪水漫溢风险率和洪水漫顶风险率为越小越优型指标，其他 4 个效益指标为越大越优型指标蓄滞洪区洪水资源利用主要以不同预蓄水位方案为研究对象，选择防洪风险率、期望经济损失、农业灌溉效益和生态供水效益为指标，防洪风险率和期望经济损失为越小越优型指标，农业灌溉效益和生态供水效益为越大越优型指标。

11.3　工程应用实践

11.3.1　目标体系构建及权重确定

汛限水位优选的基础是要建立相关的目标体系，其中包括水库风险因子和效益因子。其中，由于澄碧河水库是一座具有防洪、发电、供水等功能的大(1)型水库，水库下游约 8km

是百色市城区、田阳县城、田东县城等地区,人口约 30 万,此外还包括 25 万亩耕地及 324 国道、南昆高速公路、南昆铁路以及数条交通要道。根据其保护对象要求,选取水库风险率、上游淹没损失和下游淹没强度作为目标体系中的风险因子;根据其发挥的作用与功能,选取发电效益增量、工业供水效益增量和居民生活供水效益增量作为目标体系中的效益因子。

①水库风险率,利用第 8 章风险率计算公式进行计算,并通过 MATLAB 软件进行编程设计;②上游淹没损失,根据水库水位、上游受淹建筑面积和损失价值的关系,通过插值处理可以得到不同水位下对应的淹没损失情况。分别计算发生 1000 年一遇洪水时,各种汛限水位方案下调洪得到的坝前最高水位,求得其对应上游淹没损失情况,以此作为该汛限水位方案下对应的上游淹没损失;③下游淹没强度,要以既定的调度规则为准,结合水量平衡原理,分别计算采用不同汛限水位方案下的调洪过程,并得到每种方案调洪过程的下泄流量随时间的变化情况。通过各个时段下泄流量值与安全泄量的比较分析,统计下泄流量大于下游河道安全泄量的时间和洪量;④发电效益增量,不同的汛限水位要求的提升空间大小也不同,故每年的发电效益和蓄水情况不尽相同。因此,通过整个历史系列来计算多年平均多蓄水量、多年平均发电量及其增量和发电效益及其增量;⑤工业供水效益增量,供水效益分为工业供水效益和居民生活供水效益分别计算,计算在 52 年中后汛期多蓄水量的多年平均值,根据对近 10 年澄碧河水库供水分配比例进行统计分析计算得到;⑥居民生活供水效益增量,针对居民生活供水效益,采用影子水价法进行计算。澄碧河水库供水的历史统计数据显示,单方水供水效益平均值取 0.217 元/m³。通过影子水价法计算出不同方案对应的居民生活供水效益增量结果。

通过对澄碧河水库后汛期的风险因子和效益因子的识别,建立优选目标体系;结合主观权重和客观权重确定优选目标体系中各目标的综合权重;之后,通过多目标模糊优选理论进行最优方案的优选。具体流程见图 11.1。

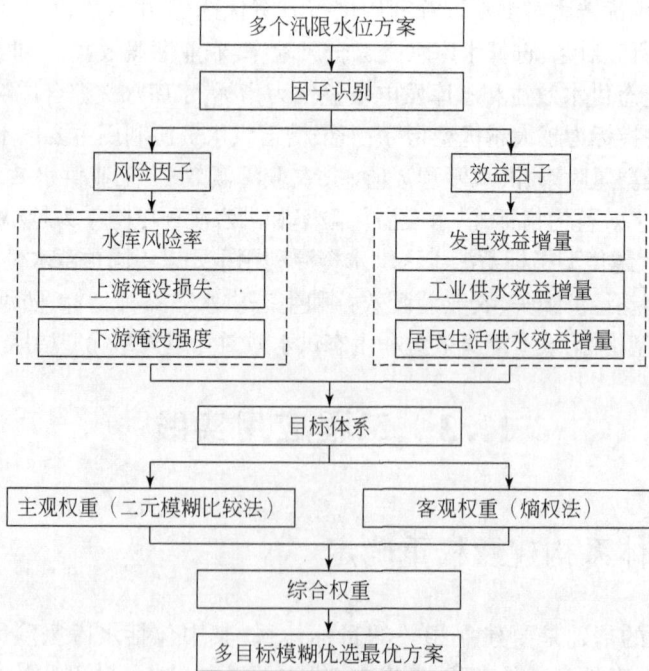

图 11.1　多目标模糊优选研究分析流程

根据前面章节水库后汛期汛限水位控制域的初步成果,结合工程实际,本节以 30cm 拟定澄碧河水库各种汛限水位方案,以因子识别中的风险因子和效益因子为基础,建立优选目标体系,见表 11.2。

表 11.2 澄碧河水库后汛期不同汛限水位优选目标体系

汛限水位/m	风险率/10^{-5}	上游淹没损失/万元	下游淹没强度/(m³/s)	发电效益增量/万元	工业供水效益增量/万元	居民生活供水效益增量/万元
目标编号	①	②	③	④	⑤	⑥
185.00	0.313	0.09	2360	0.00	0.00	0.00
185.30	0.416	2.00	2367	35.76	157.22	79.25
185.60	0.563	10.30	2399	70.25	256.43	129.26
185.90	0.776	18.70	2454	111.00	413.21	208.30
186.20	1.033	26.40	2508	147.85	424.76	214.12
186.50	1.476	37.00	2557	185.94	464.68	234.24
186.80	2.112	55.60	2647	216.58	529.65	266.99
187.10	3.024	78.20	2739	250.20	540.18	272.30
187.40	6.556	127.80	2836	287.27	689.34	347.49
187.70	9.906	148.40	2936	319.56	730.84	368.41

为确定优选目标体系中各个目标的权重,首先,采用二元模糊比较法计算各目标的主观权重。通过对目标体系中各目标进行两两重要性比较,确定标度矩阵并检验其是否满足重要性传递准则。其次,计算每个目标所对应的重要性标度值,结合语气因子定义确定各目标对应的隶属度。最后对隶属度统一进行归一化处理可得不同目标的主观权重值,结果见表 11.3。

表 11.3 二元模糊比较法确定主观权重计算结果

目标	①	②	③	④	⑤	⑥	行和	重要性排序	隶属度	主观权重
①	0.5	1	1	1	1	1	5.5	1	1	0.272
②	0	0.5	0	1	1	1	3.5	3	0.667	0.181
③	0	1	0.5	1	1	1	4.5	2	0.818	0.223
④	0	0	0	0.5	0	0	0.5	6	0.333	0.090
⑤	0	0	0	1	0.5	0.5	2	5	0.429	0.117
⑥	0	0	0	1	0.5	0.5	2	5	0.429	0.117

通过分析表 11.3 中不同目标的重要性排序可知,6 个目标的重要性排序依次为目标①风险率、目标③下游淹没强度、目标②上游淹没损失、目标⑤工业供水效益增量和目标⑥居民生活供水效益增量同等重要,之后是目标④发电效益增量。

为更加客观地反映不同目标权重间的联系,采用熵权法对上述目标体系中各目标进行客观权重计算,之后结合确定好的主观权重,计算确定各个目标的综合权重,结果见表 11.4。

综合权重的确定可以为模糊优选研究做准备。

表 11.4　客观权重及综合权重计算结果

目标	信息熵	客观权重	主观权重	综合权重
①	0.9923	0.144	0.272	0.238
②	0.9905	0.178	0.181	0.196
③	0.9903	0.183	0.223	0.247
④	0.9897	0.193	0.090	0.105
⑤	0.9920	0.151	0.117	0.107
⑥	0.9920	0.151	0.117	0.107

11.3.2　汛限水位方案确定

前期研究对澄碧河水库后汛期汛限水位提出了 10 种不同的汛限水位方案。通过对不同方案产生的效应分别进行风险分析和效益计算,建立了优选目标体系,并结合二元模糊比较–熵权法对其进行权重确定。因此,针对不同方案的优劣程度,采用多目标模糊优选理论法对其进行计算,以确定其中的最优方案。

以优选目标体系为基础,可得到待优选特征矩阵值,通过对其进行无量纲化处理可得到相对隶属度矩阵 R。将每行中的最大值和最小值分别提取出来,可得到理想最优方案 r_g 和理想最劣方案 r_b。之后根据综合权重,结合式(11.8)~式(11.14)分别计算不同方案的加权后的理想最优方案和理想最劣方案的广义距离,计算损失函数和求导可得不同方案的相对优属度值。

$$R=\begin{bmatrix} 1 & 0.9893 & 0.9739 & 0.9517 & 0.9249 & 0.8788 & 0.8125 & 0.7174 & 0.3492 & 0 \\ 1 & 0.9871 & 0.9312 & 0.8745 & 0.8226 & 0.7511 & 0.6257 & 0.4733 & 0.1389 & 0 \\ 1 & 0.9878 & 0.9323 & 0.8368 & 0.7431 & 0.6580 & 0.5017 & 0.3420 & 0.1736 & 0 \\ 0 & 0.0806 & 0.2198 & 0.3474 & 0.4627 & 0.5819 & 0.6777 & 0.7830 & 0.8990 & 1 \\ 0 & 0.2151 & 0.3509 & 0.5654 & 0.5812 & 0.6358 & 0.7247 & 0.7391 & 0.9432 & 1 \\ 0 & 0.2151 & 0.3509 & 0.5654 & 0.5812 & 0.6358 & 0.7247 & 0.7391 & 0.9432 & 1 \end{bmatrix}$$

$$r_g=\begin{bmatrix} 1 & 1 & 1 & 1 & 1 & 1 \end{bmatrix}$$
$$r_b=\begin{bmatrix} 0 & 0 & 0 & 0 & 0 & 0 \end{bmatrix}$$

①当优化参数和距离参数选取 $\alpha=1,p=1$ 时,各方案相对优属度向量为
$$u_{\alpha=1,p=1}=[0.6809,0.7273,0.7426,0.7619,0.7378,0.7160,0.6662,0.5885,0.4495,0.3191]$$
②当优化参数和距离参数选取 $\alpha=1,p=2$ 时,各方案相对优属度向量为
$$u_{\alpha=1,p=2}=[0.6819,0.7188,0.7445,0.7728,0.7526,0.7235,0.6464,0.5481,0.3907,0.3181]$$
③当优化参数和距离参数选取 $\alpha=2,p=1$ 时,各方案相对优属度向量为
$$u_{\alpha=2,p=1}=[0.8199,0.8767,0.8928,0.9111,0.8878,0.8641,0.7993,0.6715,0.4001,0.1801]$$
④当优化参数和距离参数选取 $\alpha=2,p=2$ 时,各方案相对优属度向量为

$$u_{\alpha=2,p=2}=[0.8213,0.8673,0.8946,0.9204,0.9025,0.8725,0.7697,0.5952,0.2915,0.1787]$$

综合上述 4 种参数,取其平均值,得到各方案的综合相对优属度向量为

$$\overline{u}=[0.7510,0.7975,0.8186,0.8416,0.8202,0.7940,0.7204,0.6008,0.3830,0.2490]$$

根据综合相对优属度向量中的各个值,对各方案进行排序,最优方案定义为1,最劣方案定义为10,可得到不同方案的排序 $R=[6\ 4\ 3\ 1\ 2\ 5\ 7\ 8\ 9\ 10]$。从排序中可看出,后汛期最优汛限水位方案为方案(4),其对应的汛限水位是 185.90m,相对目前的185.00m 提高了 0.9m。因此,上述研究结果表明,在澄碧河水库后汛期汛限水位的提升空间中,综合考虑多种目标的情况下,提升空间 0.9m 为相对最优,后汛期综合最优汛限水位调整方案为185.90m。

11.3.3　结果分析

结合澄碧河水库实际情况进行了实例研究,得出结论如下:

(1)以澄碧河水库的风险因子和效益因子为基础,共同建立了澄碧河水库后汛期汛限水位模糊优选的目标体系。体系中包括水库风险率、上游淹没损失、下游淹没强度、发电效益增量、供水效益增量、居民生活供水效益增量 6 个目标因子。

(2)采用二元模糊比较法确定水库风险率、上游淹没损失、下游淹没强度、发电效益增量、供水效益增量、居民生活供水效益增量的主观权重分别为 0.272、0.181、0.223、0.090、0.117 和 0.117,采用熵权法确定的上述目标的客观权重分别为 0.144、0.178、0.183、0.193、0.151 和 0.151,最后结合主客观权重值确定综合权重分别为 0.238、0.196、0.247、0.105、0.107 和 0.107。

(3)采用多目标模糊优选理论法计算出澄碧河水库后汛期 10 种汛限水位方案对应的综合相对优属度为 0.7510、0.7975、0.8186、0.8416、0.8202、0.7940、0.7204、0.6008、0.3830 和0.2490。综合相对优属度最大值为 0.8416,其对应的方案 4 的 185.90m 汛限水位方案为相对最优方案。

11.4　小　　　结

本章介绍了多目标模糊优选理论及方法,讨论了多目标优选体系建立过程以及权重确定的方法。以广西澄碧河水库为工程实例,根据对风险率、上游淹没损失、下游淹没强度、发电效益增量、工业用水效益增量和居民生活供水效益增量各项指标进行分析,计算得到澄碧河水库后汛期 10 种汛限水位方案对应的综合相对优属度分别为 0.7510、0.7975、0.8186、0.8416、0.8202、0.7940、0.7204、0.6008、0.3830 和 0.2490。根据最优隶属度原则,确定该水库后汛期汛限水位的最优方案为 185.90m。水库汛期分期汛限水位的多目标模糊优选理论综合考虑了风险和效益因素,因此其评价结果是科学合理的。

参 考 文 献

阿依努尔·吐尔孙.2016.基于多目标的叶尔羌河依干其水库优化调度研究.陕西水利,(3):87,88

薄会娟,董晓华,邓霞.2011.三峡水库汛期分期方法研究.人民黄河,33(2):43,44

蔡向阳,钱永波.我国山区城镇地质灾害易损性评价研究现状与趋势.灾害学,31(4):200~204

曹云.2005.堤防风险分析及其在板桥河堤防中的应用.河海大学硕士研究生学位论文

陈璐,郭生练,闫宝伟等.2010.一种新的分期设计洪水计算方法.武汉大学学报(工学版),43(1):20~24

陈宁珍.1990.水库运行调度.北京:水利电力出版社

陈守煜.1994.系统模糊决策理论与应用.大连:大连理工大学出版社

陈守煜.1995.从研究汛期描述论水文系统模糊集分析的方法论.水科学进展,6(2):133~138

陈守煜.1998.工程水文水资源系统模糊集分析理论与实践.大连:大连理工大学出版社

陈守煜.2002.复杂水资源系统优化模糊识别理论与应用.大连:大连理工大学出版社

陈守煜.2005.水资源与防洪系统可变模糊集理论与方法.大连:大连理工大学出版社

陈曜,王顺久.2009.基于投影寻踪的汛期分期探讨.水文,29(3):16~18

程极泰.1985.集合论.北京:国防工业出版社

程孟孟,陈进.2012.多层次半结构性多目标模糊优选理论在章水水量分配中的应用.中国农村水利水电,
(3):65~68

邓聚龙.2002.灰理论基础.武汉:华中科技大学出版社

丁大发,吴泽宇,贺顺德等.2005.基于汛限水位选择的水库防洪调度风险分析.水利水电技术,36(3):
35~38

丁晶,邓育仁.1988.随机水文学.四川:成都科技大学出版社

丁文峰,杜俊,陈小平等.2015.四川省山洪灾害风险评估与区划.长江科学院院报,32(12):41~45

丁元芳,高凤丽.2006.Fisher最优分割法在星星哨水库汛期分期划分中的应用.吉林水利,(11):4~6

董前进,王先甲,王建平等.2007.分形理论在三峡水库汛期洪水分期中的应用.长江流域资源与环境,
(03):400~404

杜丽惠,曹亮,廖松等.2005.密云水库动态汛限水位分析.水力发电学报,(4):42~46

范秋映.2009.城市防洪系统评价的集对分析方法.合肥工业大学硕士研究生学位论文

方彬,郭生练,郭富强等.2007a.汛期分期的圆形分布法研究.水文,27(5):7~11

方彬,郭生练,刘攀等.2007b.水库调度的汛限水位外包线研究.南京:第五届中国水论坛

方崇惠,雒文生.2005.分形理论在洪水分期研究中的应用.水利水电科技进展,25(6):9~13

冯尚友,余敷秋.1982.丹江口水库汛期划分的研究和实践效果.水利水电技术,24(2):56~61

傅湘,王丽萍,纪昌明.1997.洪水遭遇组合下防洪区的洪灾风险率估算.水电能源科学,17(4):23~26

高建明,王喜奎,曾明荣.2007.个人风险和社会风险可接受标准研究进展及启示.中国安全生产科学技术,3
(3):29~34

郭凤清,屈寒飞,曾辉等.2013.基于MIKE21的潖江蓄滞洪区洪水危险性快速预测.自然灾害学报,22(3):
144~152

郭金城,郭倩,武学毅.2013.基于模糊集合分析法与圆形分布法的水库汛期分期研究.水电能源科学,31
(3):50~53

郭倩,刘攀,徐高洪等.2012.基于汛期平均流量评价李庄洪水汛期分期研究.水力发电学报,31(4):39~43

郭生练.2005.设计洪水研究进展与评价.北京:中国水利水电出版社

郭生练,闫宝伟,肖义等.2008.Copula函数在多变量水文分析计算中的应用及研究进展.水文,28(3):1~7

郭跃.2005.灾害易损性研究的回顾与展望.灾害学,20(4):92~96

韩宇平,阮本清,解建仓.2003.多层次多目标模糊优选模型在水安全评价中的应用.资源科学,(4):37~42

何刚.2003.大洪河土坝监测资料分析与风险研究.四川大学硕士研究生学位论文

何晓燕,孙丹丹,黄金池.2008.大坝溃决社会及环境影响评价.岩土工程学报,30(11):1752~1757

何长宽.1998.用概率组合法确定并联水库下游洪峰流量的概率分布.水利水电技术,29(7):49~51

洪时中.1984.最优分割在地震分期中的应用.西北地震学报,6(1):49~56

侯玉,吴伯贤,郑国权.1999.分形理论用于洪水分期的初步探讨.水科学进展,10(2):140~143

胡四一,高波,王忠静.2002.海河流域洪水资源安全利用——水库汛限水位的确定与运用.中国水利,53
    (10):105~108

胡振鹏,余敷秋,冯尚友.1998.丹江口水库夏秋汛过渡期水库运用方案研究.水电能源科学,(1):8~13

华家鹏,孔令婷.2002.分期汛限水位和设计洪水位的确定方法.水电能源科学,20(1):21~23

黄振芳,刘昌明.2010.基于博弈论综合权重模糊优选模型在地下水环境风险评价中的应用.水文,30(4):
    13~17

姜树海.1994.随机微分方程在泄洪风险分析中的运用.水利学报,(3):1~9

姜树海,范子武,吴时强.2005.洪灾风险评估和防洪安全决策.北京:中国水利水电出版社

蒋海燕,莫崇勋,魏炜等.2012.灰色定权聚类法在水库汛期分期中的应用.水力发电,59(12):8~10

蒋勇军,况明生,匡鸿海等.2001.区域易损性分析、评估及易损度区划——以重庆市为例.灾害学,16(3):59~
    64

金保明,方国华.2010.模糊集合分析法在南平市汛期分期中的应用.水力发电,36(3):20~22

金明.1991.水力不确定性及其在防洪泄洪系统风险分析中的影响.河海大学学报,19(1):40~45

康君田,宋彩朝,王建忠.2005.多目标模糊优选模型在水库洪水调度方案优选中的应用.农业与技术,(2):
    109~112

李成杰.裴峥.2009.无线信号服从瑞利分布的验证方法.通信技术,42(5):51~53

李继华.1994.蒙特卡罗(Monte Carlo)法.建筑结构,(11):3~8

李俊,武鹏林.2016.改进的Fisher最优分割法在汛期分期中的应用.中国农村水利水电,(11):23~30

李雷,周克发.2006.大坝溃决导致的生命损失估算方法研究现状.水利水电科技进展,26(2):76~80

李雷,王仁钟,盛金保等.2006.大坝风险评价与风险管理.北京:中国水利水电出版社

李琪,丘阳,杨波等.2011.基于多目标模糊优选理论的城市供水方案优选研究.水资源与水工程学报,22
    (3):161~164

李曙雄,杨振海.2002.舍选法的几何解释及其应用.数理统计与管理,21(4):40~43

李英士,王建中,俞宏.2014.基于集对分析的丰满水库洪水分期研究.东北水利水电,(9):42~44

李煜,马良.2012.新型元启发式布谷鸟搜索算法.系统工程,30(8):64~69

栗飞,高仕春,李响.2010.丹江口水库多目标调度方式研究.中国农村水利水电,(9):18~20

刘克琳,王银堂,胡四一等.2007.Fisher最优分割法在汛期分期中的应用.水利水电科技进展,27(3):14~
    16,37

刘俐.2015.基于变点-模糊理论的龙滩水库汛期分期调度研究.广西大学硕士研究生学位论文

刘六宴,温丽萍.2016.中国高坝大库统计分析.水利建设与管理,28(9):12~32

刘攀.2005.水库洪水资源化调度关键技术研究.武汉大学博士研究生学位论文

刘攀,郭生练,王才君等.2005.三峡水库汛期分期的变点分析方法研究.水文,25(1):18~23

刘攀,郭生练,肖义等.2007a.浅析分期设计洪水与年最大设计洪水的关系.人民长江.(06):27~28,46

刘攀,郭生练,肖义等.2007b.水库分期汛限水位的优化设计研究.水利发电学报,26(3):5~10

刘思峰,党国耀,方志耕等.2010.灰色系统理论及其应用(第五版).北京:科学出版社

刘思峰,杨英杰,吴利丰等.2014.灰色系统理论及其应用(第七版).北京:科学出版社

刘希林,莫多闻.2002.泥石流易损度评价.地理研究,21(5):569~577

刘希林,莫多闻,王小丹.2001.区域泥石流易损性评价.中国地质灾害与防治学报,12(2):10~15

刘晓琴,胡彩虹,王燕青等.2005.陆浑水库分期洪水资源化风险分析.灌溉排水学报,24(5):56~59

刘心愿,朱勇辉,郭小虎等.2015.水库多目标优化调度技术比较研究.长江科学院院报,(7):9~14

刘艳丽,周惠成,张建云.2010.不确定性分析方法在水库防洪风险分析中的应用研究.水力发电学报,29(6):47~53

吕满英.2002.考虑洪水过程不确定性的泄洪风险分析.新疆农业大学硕士研究生学位论文

麻荣永.1992.百色水库洪水规律分析及其分期设计洪水推求.红水河,11(2):14~17

麻荣永.2004.土石坝风险分析方法及应用.北京:科学出版社

梅亚东,谈广鸣.2002.大坝防洪安全的风险分析.武汉大学学报,35(6):45~49

莫崇勋.2014.水库土石坝工程洪水分期调度关键技术及应用.北京:科学出版社

莫崇勋,刘方贵.2010.水库土坝漫坝风险度评价方法及应用研究.水利学报,41(03):319~324

莫崇勋,刘方贵,孙桂凯.2009.水库汛期模糊划分及其分期汛限水位的确定.水力发电,35(8):13~21

莫崇勋,杨绿峰,麻荣永等.2010.水库土坝漫坝危险度评价.人民黄河,32(05):134~135,137

莫崇勋,杨庆,王大洋等.2015.物元评价法在南宁市水资源承载力评价中的应用.水电能源科学,33(09):31~35

莫崇勋,钟欢欢,王大洋等.2016.集对分析方法在澄碧河水库汛期分期中的应用.水力发电,42(1):14~17

彭奇林.1998.瑞利分布的特征.河南机专学报,6(1):44~47,64

彭雪辉.2003.风险分析在我国大坝安全上的应用.南京水利科学研究院硕士研究生学位论文

圻子.1999.水利一词源出于司马迁.吉林水利,19(9):28

钱镜林,郑敏生.2012.汛期洪水分期研究.中国农村水利水电.(01):89~90

钱小瑞.2008.一种构造二元 Copula 的新方法.西南交通大学硕士学位论文

芮孝芳.2004.水文学原理.北京:中国水利水电出版社

尚志海,刘希林.2010.国外可接受风险标准研究综述.世界地理研究,19(3):72~80

沈华嵩.1981."测不准原理"和海森堡的哲学思想.河南师大学报(自然科学版),(01):1~7

施国庆,周之豪.1990.洪灾损失分类及其计算方法探讨.海河水利,(3):42~45

水利电力部门.1985.碾压式土石坝设计规范.北京:水利电力出版社

孙济良,秦大庸.1989.水文频率分析通用模型研究.水利学报.(04):1~10

覃爱基,陈雪英,郑艳霞.1993.宜昌径流时间序列的统计分析.水文,(5):15~21

谭培伦,谭启富,周棣华.1994.关于水库防洪调度若干问题的探讨.人民长江,(4):9~13

童黎熙.1996.潘家口水库汛限水位的确定.海河水利,15(6):29~32

汪富泉,李后强.1996.分形——大自然的艺术构造.济南:山东教育出版社

王本德,周慧成.2006.水库汛限水位动态控制理论与方法及其应用.北京:中国水利水电出版社

王波,袁汝华.2005.基于优性权重的多目标模糊优选模型.河海大学学报(自然科学版),33(2):220~223

王贺佳,武鹏林.2015.基于 Fisher 最优分割法的汛期分期.人民黄河,37(8):30~34

王建明.2004.多目标模糊识别优化决策理论与应用研究.大连理工大学博士学位论文

王文圣.2010.水文水资源集对分析.北京:科学出版社

王哲,杨学军,李涛涛.2014.改进型多层次多目标模糊优选模型在海河流域水环境安全评价中的应用.海河水利,(2):49~51

王志宗,王银堂,胡四一.2007.水库控制流域汛期分期的有效聚类分析.水科学进展,18(4):580~585

魏超.2015.长三角沿海八市区域承载力评价与预测方法研究.华东师范大学博士研究生学位论文

魏炜.2014.水库汛期分期调度研究及效应评价.广西大学硕士研究生学位论文

魏永霞,王丽学.2008.工程水文学.北京:中国水利水电出版社

文彦君.2012.陕西省自然灾害的社会易损性分析.灾害学,27(2):77~81

吴东峰,何新林,杨广等.2008.高山冰川作用下流域水库汛期分期.长江科学院院报,25(1):25~29

武鹏林,晋华.1999.汛期洪水循时程变化规律研究与应用.太原理工大学学报,(1):104~107

肖聪,顾圣平,崔巍等.2014.Fisher最优分割法在李仙江流域汛期分期中的应用.水电能源科学,32(3): 70~74

萧如珀,杨信男.2010.1927年2月:海森堡的测不准原理.现代物理知识,22(01):66~67

谢飞,王文圣.2011.集对分析在汛期分期中的应用研究.南水北调与水利科技,9(1):60~63

谢国琴.2006.干旱区水库防洪风险分析研究.石河子大学硕士研究生学位论文

熊立华,郭生练,肖义等.2005.Copula联结函数在多变量水文频率分析中的应用.武汉大学学报(工学版). 38(6):16~19

严培胜,王先甲,孙志禹.2012.集对分析在三峡水库汛期分期中的应用.武汉大学学报,45(3):310~313

杨博,南昊.2016.我国水资源现状及其安全对策研究.太原学院学报,34(1):9~12

杨晴.2000.关于防洪标准的几点认识.水利水电技术,7(7):35~37

叶秉如.2006.水利计算及水资源规划.北京:中国水利水电出版社

喻婷,郭生练,刘攀,等.2006.水库汛期分期方法研究及其应用.中国农村水利水电,(8):24~26

张济中.1995.分形.北京:清华大学出版社

张济忠.2011.分形(第二版).北京:清华大学出版社

张建生,黄强,马永胜等.2009.水库汛期分期及其评价方法.西北农林科技大学学报(自然科学版),(10): 229~234

张娜,郭生练,刘攀等.2008.基于Copula函数法推求分期设计洪水和汛限水位.武汉大学学报(工学版), (6):33~36

张彦波.1979.用最优分割法处理华北地区前寒武纪变质岩系的同位素年龄数据.地质科学,(1):78~90

张艳红,勇昊.2004.基于MonteCarlo方法的任意概率密度随机数字信号发生器设计.电子科技,2004(8): 45~48

张一凡.2009.西南山区城镇地质灾害易损性评价方法研究——以四川省丹巴县城为例.成都理工大学硕士 研究生学位论文

赵克勤.1998.成对原理及其在集对分析(SPA)中的作用与意义.大自然探索,17(4):90

赵克勤.2000.集对分析及其初步应用.杭州:浙江科学技术出版社

赵克勤.2008.二元联系数A+Bi的理论基础与基本算法及在人工智能中的应用.智能系统学报,3(06): 476~486

赵元秀.2004.漳泽水库汛期模糊划分及汛限水位的确定.太原理工大学硕士研究生学位论文

曾治丽,李亚安,金贝立.2010.任意分布随机序列的产生方法.声学技术,29(6):651~654

钟欢欢.2016.基于气候变化的水库汛期分期调度研究.广西大学硕士研究生学位论文

周惠成,董四辉,邓成林,等.2006.基于随机水文过程的防洪调度风险分析.水利学报,37(2):227~232

周庆义,皇甫淑贤,马友春.1995.音河水库汛期分时段控制运用研究.黑龙江水利科技,(3):69~74

周秋玲,付海水,陈幼勤.2004.水库汛限水位过程线确定方法分析研究.河南水利,1(5):67

周研来,梅亚东.2010.基于Copula函数和MonteCarlo法的防洪调度风险分析.水电能源科学,28(8):37~39

朱玲玲,艾萍,牟萍.2013.博弈论和模糊优选模型在水利现代化评价中的应用.水电能源科学,31(2): 161~164

朱晓玲,姜浩.2007.任意概率分布的伪随机数研究和实现.计算机技术与发展,17(12):116~118,168

邹鹰,郭方,沈国昌,等.2006.岳城水库控制流域暴雨洪水的时程分布规律及分期划分研究.水科学进展,17

(2):265~270

Bruce D M, Donald L T. 2006. The applicability of power-law frequency statistics to floods. Journal of Hydrology. 322:168~180

Beurton S, et al. 2009. Seasonality of flood in Gemmany. Hydrological Sciences Journal,54(1):62~76

Black A R, Werritty A. 1997. Seasonality of flooding: a case study of North Britain. Journal of Hydrology,(195): 1~25

Bouma J J, Francois D, Troch P. 2005. Risk assessment and water management. Environmental Modelling & Software,20(2):141~151

Colorni A, Fronza G. 1983. Reservoir management via reliability programming. Water Resources Research,(12): 85~88

Corsanego A, Giorgini G, Roggeri G. 1993. Rapid evaluation of an indicator of seismic vulnerability in small urban nuclei. Natural Hazards,(8):109~120

Cunderlik J M, Ouarda T B M J, Bobee B. 2004. On the objective identification of flood seasons. Water Resources Research,40(1)

Deyle R E, French S P, Olshansky R B. 1998. Hazard Assessment: the Factual Basis for Planning And Mitigation. Washington D. C: Joseph Henry Press. 119~166

Fant C, Schlosser C A, Gao X. 2016. Projections of water stress based on an ensemble of socioeconomic growth and climate change scenarios. A Case Study in Asia, 11(3):1~33

IUGS, Working Group on Landslide, Committee on Risk Assessment. 1997. Quantitative risk assessment for slope and landslidethe state of the art. Landslide Risk Assessment

Johnson W K, Wurbs R A, Beegle J E. 1990. Opportunities for Reservoir-storage reallocation. Journal of Water Resources Planning and Management,116(4):550~566

Kappos A J, Tylianidis S K C, Pitilakis K. 1998. Development of seismic risk scenarios based on a hybrid method of vulnerability assessment. Natural Hazards,17(2):177~192

Labadie J. 2004. Optimal operation of multireservoir sysrems: State-of-the-art review. Journal of Water Resources Planning and Management,130(2):93~111

LeClerc G, Marks D H. 1983. Determination of the discharge policy for existing reservoir network under different objectives. Water Resources Research,(9):1155~1165

Longhurst R. 1995. The Royal Society Disaster. 19(3):269~270

Maskrey A. 1989. Disaster Mitigation: A Community Based Approach. Oxford: Oxfam

Miller B A, Whitlock A, Hughes R C. 1996. Flood management-the TVA experience. Water Resources Research,21 (3):119~130

Murota A. 1984. Application of the EQUI risk line theory to the design of a detention reservoir. Natural Disaster Science,6(1):17~30

Panizza M. 1996. Environmental Geomorphology. Amsterdam: Elsevier

Shin H J, Jung Y H, Kim T, et al. 2007. Uncertainty analysis of the risk of failure for generalized logistic distribution. In: Kabbes K C (ed). Proceedings of the World Environmental and Water Resources Congress: Restoring Our Natural Habit. Florida: ASCE

United Nations, Department of Humanitarian Affairs. 1991. Mitigating Natural Disasters: Phenomena, Effects and Options A Manual for Policy Makers and Planners. New York: United Nations. 1~164

United Nations, Department of Humanitarian Affairs. 1992. Internationally agreed glossary of basic terms related to disaster management. DNA/93/36, Geneva

Waylen P,Woo M. 1982. Prediction of annual floods generated by mixed processes. Water Resources Research,18 (4):1283~1286

Wurbs R A. 1983. Reservoir system simulation and optimization models. Water Resources Planning Manage,119 (4):455~472

Wurbs R A. Cabezas M L. 1987. Analysis of reservoir storage reallocations. Journal of Hydrology,(92):77~95

Xiong L H, Guo S L. 2004. Trend test and change-point detection for the annual discharge series of the Yangtze River at the Yichang hydrological station. Hydrological Sciences Journal,49(1):99~112

Yang X S. 2010. Nature-inspired Meta Heuristic Algorithms,2nd ed. Luniver:Luniver Press